Espèce de Trochoïde !

Luc de Brabandere
Christophe Ribesse

Espèce de Trochoïde !

50 idées mathématiques expliquées au profane

DUNOD

Du même auteur chez le même éditeur

- *Le Sens des idées - Pourquoi la créativité*, en collaboration avec Stanislas Deprez, 2004.
- *Le Management des idées - De la créativité à l'innovation*, 2002 (nouvelle édition).
- *Le Plaisir des idées - Devenir créatif*, en collaboration avec Anne Mikolajczak, 2002 (nouvelle édition).

Conseiller scientifique : Dominique Roux

Illustrations intérieures : Patrick Regout
www.cartoonbase.com

Illustration de couverture : « Les Shadoks »,
dessin original de Jacques ROUXEL
© aaa, Paris, 2001

ISBN : 2 10 049615 8

Table des matières

Un peu d'algèbre

Top modèles

Comme par hasard !

Tueur en série

Machines infernales

Mordu d'informatique

Ce livre est dédié à tous les enseignants

Eh ! Dieu, si j'eusse estudié
Au temps de ma jeunesse folle
Et à bonne mœurs dédié
J'eusse maison et couche molle

Mais quoi ? Je fuyais l'escole
Comme fait le mauvais enfant
En escrivant cette parole
A peu que le cœur ne me fend

François Villon

Merci à mon fils Stephan qui m'a recommandé
de travailler avec Christophe Ribesse

Avant-propos

Les mathématiques ne sont pas mon métier. Je ne suis ni chercheur, ni enseignant, ni actuaire, ni concepteur de logiciel. Non, j'anime des séminaires de réflexion stratégique pour les responsables d'entreprise. Et c'est dans ce contexte que j'ai publié chez le même éditeur une trilogie – « Le Plaisir des idées », « Le Management des idées » et « Le Sens des idées » – toute entière consacrée à la créativité.

Les mathématiques ne sont pas mon métier mais j'aime les mathématiques. Depuis toujours j'ai aimé jouer avec les nombres et les figures géométriques et, grâce à une génération entière de bons professeurs, petit à petit le goût m'est venu de chercher ce qui se cachait derrière les équations et les théorèmes. Pour le plaisir.

Mais de toute évidence, ce plaisir n'était pas partagé par tout le monde. Si une partie d'entre nous s'amusait vraiment à trouver le point d'inflexion d'une fonction du troisième degré, pour d'autres par contre rien n'était plus ennuyeux qu'un cosinus ou une décomposition en facteurs. Mais pourquoi donc ne pouvaient-ils pas eux aussi s'amuser avec les mathématiques ?

Une deuxième série de questions plus fondamentale restait également sans réponse : À quoi servent finalement toutes ces belles constructions de l'esprit ? Quel est le sens caché derrière ces milliers de chiffres et de symboles ? Quelle est la vraie nature d'un théorème ?

Une spécialisation en « mathématiques appliquées », lors de mes études d'ingénieur civil à l'Université catholique de Louvain m'a apporté un début de réponse en présentant la richesse potentielle de la modélisation des systèmes.

Vingt années de pratique de l'informatique m'ont ensuite laissé entrevoir à quel point les mathématiques devenaient différentes de ce qu'elles avaient été. Un jour même, il n'y aura plus vraiment nécessité de savoir calculer. Que seront alors les mathématiques ?

L'étude de la philosophie m'a dans un troisième temps convaincu que le futur sera aux mains de ceux qui allieront la puissance des machines disponibles à l'imagination de tous ceux qui n'en ont jamais eues. Une réflexion s'impose car il n'y a pas progrès évident. Les enfants ont aujourd'hui une calculatrice en poche. Mais bien souvent ils ne savent plus alors calculer le reste d'une division ! Une machine en plus, une information en moins.

Toutes ces questions, du plaisir, du sens et de l'enseignement des mathématiques doivent être posées avec d'autant plus d'insistance que chaque jour les ordinateurs et Internet sont un peu plus envahissants.

L'histoire des mathématiques fait partie d'un patrimoine culturel collectif et à ce titre mérite déjà toute notre attention. Mais en plus elle contient un double message d'efficacité pédagogique et de créativité incessante, une double leçon plus que jamais d'actualité.

Pour reprendre quelques-uns de ses propres mots, l'histoire des mathématiques contient des « invariants », des « constantes », des « paraboles » à méditer, quelle que soit la vitesse à laquelle le monde donne l'impression de dériver.

J'ai donc voulu écrire un petit album impertinent consacré aux mathématiques.

Pour ceux qui n'ont pas eu la chance d'en découvrir les richesses, pour ceux qui n'ont plus le temps d'en retrouver les saveurs, pour ceux qui ont toujours cru qu'elles étaient un privilège réservé « aux autres », et surtout pour ceux qui ont la responsabilité d'en assurer l'enseignement.

Mon souhait est qu'ils sentent un petit déclic, qu'ils trouvent ici l'une ou l'autre idée, de quoi combler un petit peu le fossé artificiel qui sépare aujourd'hui ceux qui aiment les mathématiques de ceux qui ne savent pas qu'ils les aiment.

Ce livre n'est pas un livre de mathématiques. Ce n'est pas non plus un livre de jeux, ni un livre de science, ni un livre d'exercices. C'est avant tout un livre de concepts que j'ai voulu rendre plus clairs. Les sujets choisis ont été picorés dans un ensemble infini de possibilités. Pas vraiment au hasard certes. J'ai essayé d'éviter les redondances et de donner un aperçu le plus large possible de la beauté des mathématiques tout en réveillant ce que je sais être, chez beaucoup, de vagues et même parfois de bons souvenirs.

Les thèmes retenus ne sont pas vraiment traités. Ils sont simplement esquissés, incomplets. Ils utilisent parfois des formules non démontrées et supposent la bonne volonté évidente du lecteur. Ce ne sont pas des fables mathématiques parce qu'il n'y a derrière ni morale ni message. Ce ne sont pas plus des contes mathématiques même si, d'une certaine manière, ils sont destinés à faire rêver. Après tout n'a-t-on pas souvent conseillé aux enfants, pour s'endormir, de compter les moutons ?

Les pages qui suivent comprennent très peu de calculs, elles sont d'ailleurs destinées à ceux et celles qui comprennent peu les calculs. Convaincu qu'une étude trop poussée de la grammaire peut parfois cacher la beauté de la littérature, j'ai volontairement privilégié la figure et le dessin. J'ai pris des petites libertés par rapport aux équations pour encourager un autre regard sur les mathématiques, celui que permet déjà une simple connaissance des quatre opérations arithmétiques fondamentales, celui qui autorise parfois de mettre un signe = entre deux parties qui ne le sont pas tout à fait.

L'important est de pouvoir prendre du recul. Je l'ai compris le jour où, à dix-huit ans, j'ai passé l'examen d'entrée à l'université. Un professeur m'a posé la question suivante : « Pourquoi dans les cours de physique que j'avais étudiés y avait-il des notions d'optique et pas d'acoustique ? » Je m'attendais à tout mais pas à cela. Il enfonça un peu plus le clou : « L'œil est-il vraiment plus important que l'oreille ?... ». J'étais déstabilisé. Je pouvais répondre à beaucoup de questions à propos de l'optique mais pas à la question « Pourquoi l'optique ? ». Il me donna alors la clé. Parce que les équations sont simples, parce que les mathématiques qui sous-tendent l'optique sont très accessibles. Ce qui n'est pas le cas de l'acoustique...

Il faut pouvoir prendre du recul. C'est pourquoi j'ai supprimé les démonstrations arides et les ai remplacées par le symbole (♠). Ce signe indique que la logique exigerait à cet endroit un long développement mathématique.

Mais celui-ci serait contraire au double objectif poursuivi ici. N'y a-t-il pas du plaisir et du sens à remplacer vingt équations par un as de pique ?

Pour chaque sujet, j'ai donc délibérément choisi le cas le plus simple. Chaque fois que possible, j'ai pris un angle droit plutôt qu'un angle quelconque, une division qui tombe « juste » plutôt qu'une fraction encombrante, un cube plutôt qu'un solide irrégulier, le cas particulier plutôt qu'une généralisation qui se fait parfois au détriment de l'efficacité pédagogique. Le simple est souvent un bon chemin pour aller vers le plus compliqué.

Les thèmes abordés se coupent, se recoupent et sont même parfois présentés à deux. Le nombre d'or apparaît par exemple dans la fonction de modélisation choisie, le nombre **e** dans le calcul des factorielles. Le calcul binaire est une trouvaille de celui qui a voulu mathématiser la logique d'Aristote. Les logarithmes sont la base même de la théorie mathématique de l'information et le nombre π doit certainement pouvoir se calculer en fonction des nombres premiers.

Ce n'est pas étonnant. Les mathématiques forment un ensemble bien plus large que la somme de tous ses théorèmes. Toute division arbitraire en devient aussitôt réductrice et mutilante. Mais on peut parler une langue sans en connaître tout le vocabulaire. L'important n'est-il pas avant tout de pouvoir communiquer ?

Mon père était docteur en droit. Et sa vue des mathématiques, différente, était ainsi une raison supplémentaire de lui parler. Son problème favori était le suivant : Si trois poules pondent trois œufs en trois jours, combien de temps faut-il à une poule pour pondre un œuf ?

Bien qu'enfantin, ce petit piège en forme de plaisir d'apprendre contenait déjà un message : les mathématiques ne peuvent être réduites au calcul, et le calcul ne peut être réduit aux chiffres. La règle de trois est le plus élémentaire des modèles mathématiques. Mais la leçon est claire. Si ce qui est compliqué doit être simplifié, ce qui est complexe par contre demande à être modélisé.

Il faut percevoir ce petit essai comme un puzzle dont certaines pièces sont délibérément manquantes. Mais leur absence n'empêche pas les autres de tenir ensemble et de laisser deviner la totalité du sujet. Chaque page indique ainsi une direction possible de la recherche personnelle, qui peut se faire éventuellement dans un livre à acheter ou même dans un ancien cours à retrouver au fond d'une boîte en carton.

Chaque thème est une invitation au voyage dans la littérature qui lui est consacrée. Chaque sujet suggère d'en choisir d'autres.

Comment classer cette cinquantaine de concepts ? Fidèle à l'esprit qui m'anime depuis la première ligne de ce livre, j'opte à nouveau pour la simplicité et donc pour une approche chronologique. L'histoire des mathématiques fait apparaître en effet quatre grandes étapes au sein desquelles des proximités conceptuelles peuvent être observées.

Dans un premier temps les mathématiques se limitent à l'étude des **nombres**. Certains sont devenus particulièrement célèbres et le premier chapitre sera consacré à six d'entre eux.

À partir du cinquième siècle av. J.-C., nous entrons dans une autre époque, celle de la géométrie triomphante. Ce n'est plus tant le nombre, mais la **mesure** qui est l'objet de toutes les préoccupations. Et on peut imaginer le choc des mathématiciens grecs qui réalisèrent alors que certaines longueurs ne pouvaient pas être mesurées par un nombre... Nous retrouverons quelques concepts clés de la géométrie au chapitre deux.

Il faudra attendre Leibniz et Newton pour observer le troisième moment de cette longue histoire. Quasi simultanément – on ne saura jamais si ce fut par hasard – l'Anglais et l'Allemand décideront de mathématiser le **mouvement**. C'est l'apogée de l'algèbre et voilà l'homme capable de calculer ce qui bouge. Le chapitre trois nous remémorera certains de ces outils de calcul.

Cette séquence de trois étapes puissantes n'est pourtant qu'un prélude. C'est déjà extraordinaire, mais le plus fort est encore à venir (chapitres 4 à 11.)

Car après les nombres, les formes et le changement, le champ d'application est étendu à l'ensemble des **structures**. Voilà les mathématiques qui partent vraiment dans tous les sens...

Blaise Pascal s'attaque en effet aux structures du hasard, George Boole à celles de la logique. Euler veut comprendre les structures des réseaux, Shannon celles du langage, von Neumann celles des jeux et Mandelbrot celles du... chaos !

Ces structures peuvent être réelles ou imaginaires, statiques ou dynamiques, utiles ou futiles, qualitatives ou quantitatives. L'économie ou l'esthétique, la psychologie ou la physique nucléaire, tout semble aujourd'hui intéressant à ceux qui pensent en équations.

Galilée dit un jour que le grand livre de la Nature est écrit en langage mathématique. Et finalement, s'il avait raison ?

Mon souhait serait de voir le lecteur trouver, grâce à ce petit livre, le plaisir que j'ai eu à l'écrire. Il est pour cette raison aéré et ne peut se lire qu'avec un crayon en main.

J'aurai atteint mon objectif si, après la lecture de ces pages, le moindre espace libre se trouve rempli d'annotations personnelles, si des calculs manuscrits se sont glissés entre les équations proposées, si des figures ont été complétées ou modifiées, si une trace subsiste de l'une ou l'autre réaction suscitée, si des griffonnages témoignent par-ci par-là de l'envie d'en savoir plus.

Je souhaiterais retrouver dans ce livre l'empreinte de celui qui l'a lu.

Un peu comme si on l'avait écrit ensemble.

La Fouquerie, août 2005

Les auteurs peuvent être contactés :
de.brabandere.luc@bcg.com
christophe.ribesse@skynet.be

CQFD

Et quand il n'y avait pas d'ordinateurs, comment faisaient-ils, les géomètres, les comptables, les astronomes, les économistes et tous ceux dont la profession passait d'une manière ou d'une autre par la manipulation de nombreux chiffres ? Beaucoup de métiers d'aujourd'hui existent depuis des siècles, parfois même des millénaires, et les archives industrielles et scientifiques regorgent de comptabilités manuscrites et de carnets de laboratoire aux expériences cent fois vérifiées. Nos ancêtres ont fait, à la main, un nombre incalculable de calculs innombrables.

Mais comment faisaient-ils donc pour lever l'impôt, pour construire un pont, pour fabriquer des lunettes ou encore estimer le diamètre de la Lune ? L'informatique a aujourd'hui soixante-dix ans et pendant vingt-cinq siècles des hommes de science, de Pythagore à Einstein, ont donc dû s'en passer pour élaborer leurs plus belles théories. Et quand on sait les calculs que pas mal d'entre elles exigeaient…

De même qu'on ne peut plus imaginer une vie sans électricité, il devient difficile de croire qu'on ait pu travailler sans ordinateur.

Il n'y a pas si longtemps, un clerc de notaire estimait avoir bien gagné sa journée s'il réussissait un calcul d'intérêts composés sur cinq ans. Comment d'autres alors, à peine mieux équipés, mesuraient-ils la vitesse de la lumière ou appliquaient-ils la théorie des probabilités aux réactions chimiques ?

Comment faisaient-ils ? L'histoire des mathématiques donne une partie d'explication à ces prouesses intellectuelles. Mais c'est dans la relation au calcul qu'avaient développée ces savants que se trouve l'essentiel de la réponse.

Ils n'avaient pas d'informatique, certes, mais n'étaient pas pour autant sans outil. Depuis la plus haute Antiquité, en effet, des abaques et des bouliers compteurs de toutes sortes furent inventés pour soulager les mathématiciens. Bien plus tard vinrent les bâtons de Napier, les compas de proportion, les règles à calcul et autres moulinettes à roues dentées.

Mais leurs outils n'étaient pas faits que de bois, d'ivoire ou de métal, tant il est vrai que pour extraire une racine cubique d'un nombre de cinq chiffres en quatorze manipulations de boulier compteur, la qualité des perles importe peu.

Les mathématiciens avaient aussi leurs outils de pensée, leurs trucs de calcul mental. Certains ont fait date dans l'histoire comme les logarithmes. D'autres plus modestes ont agrémenté le quotidien d'une génération, comme la célèbre preuve par neuf et les milliers de croix qu'elle a laissées dans nos cahiers d'enfant.

L'apparition de l'informatique a fait table rase des tables de multiplication. On ne trouve plus aujourd'hui de machines à calculer mécaniques que chez les brocanteurs, et les amateurs de calcul mental en sont réduits aux jeux télévisés.

Aujourd'hui, il y a l'ordinateur et son existence contraint l'homme à réinventer le rôle des mathématiques. Dans les conversations, on n'entend plus de phrases du genre « si mes calculs sont exacts… » Aujourd'hui, les calculs sont exacts. Ou encore plus simple : on peut ne plus calculer du tout.

Un vestige de l'époque pré-informatique subsiste quand même : un vocabulaire encore utilisé mais plus nécessairement compris. Un orateur peut sans incommoder son auditoire prouver une thèse par $a + b$, qualifier une vitesse de vv' ou appeler une somme inconnue montant x, sans n'avoir plus pour autant la moindre idée de ce qu'est une identité remarquable, une fonction dérivée ou une équation du second degré.

Le public s'habitue d'ailleurs à ces pseudo-scientifiques. Est-on sûr qu'il sursautera encore par exemple si on vient lui parler de plus grand commun multiple ou si un changement radical est qualifié de virage à 360 degrés ?

Ces constatations sont plus importantes qu'on ne le pense.

Une utilisation laxiste de l'ordinateur risque en effet d'engendrer une génération d'illettrés des mathématiques, de gens incapables d'un jugement critique par rapport aux chiffres qu'ils manipulent et au fonctionnement des machines qu'ils utilisent. Le mathématicien américain John Allen Paulos qualifie par analogie d'« innumérés » ceux qui tout à la fois trouvent les chiffres mystérieux mais leur font facilement confiance.

L'innuméré n'est pas nécessairement un inquiet. Il trouve que l'informatique est même une bonne chose pour le profil de son crâne : la bosse des maths n'est plus nécessaire et les trous de mémoire disparaissent. L'innuméré peut même être intellectuellement doué. Il préfère seulement utiliser son intelligence pour maquiller son malaise par rapport aux chiffres… ou épater plus innuméré que lui !

Une illustration de ce phénomène est la difficulté avec laquelle il gère les ordres de grandeur. L'innuméré perd le sens des proportions, il utilise millions et milliards comme des synonymes et ne sait plus très bien lequel de méga ou de giga est plus grand que l'autre. Au pire, dit-il pour se rassurer, il ne s'est trompé que de quelques zéros…

Il ne faut plus savoir calculer la distance du Soleil à la Terre ou le déficit des finances publiques, mais il importe d'en garder des mesures relatives. Une idée de vraisemblance s'impose face à des chiffres invraisemblables. Un ordinateur raisonne logiquement mais il ne peut être ni raisonnable, ni logique. Tout est pour lui essentiel ou tout est pour lui détail, alors que dans la réalité tout est question de nuance.

La machine a un fonctionnement étroit, son utilisateur dispose d'un esprit de finesse. La machine a un fonctionnement carré, son utilisateur dispose d'un esprit de géométrie. Blaise Pascal introduirait probablement avec plaisir ces nuances dans son aphorisme, lui qui construisit la toute première machine à calculer.

Il le ferait d'autant plus qu'il n'était pas que mathématicien. Tout comme Pythagore, Descartes, Leibniz ou beaucoup plus près de nous Bertrand Russell, il était aussi philosophe et épistémologue par la force des choses.

Les innumérés sont en partie victimes aujourd'hui de l'isolement des mathématiques. À la fois plus abondant mais moins nécessaire qu'auparavant, le calcul ne bénéficie plus assez de ces ambassadeurs de génie qui exportaient leurs théorèmes pour le plus grand plaisir des autres disciplines.

L'absence de ces messagers explique peut-être pourquoi les mathématiques, pourtant seul langage vraiment universel, deviennent paradoxalement un langage de moins en moins compris dans le monde.

Mais il existe une deuxième explication : la vitesse à laquelle ce langage évolue sous l'influence de l'informatique. Aujourd'hui il nous faut en effet répondre à une question difficile : que deviennent les mathématiques quand il n'y a plus rien à calculer ?

Cette question interpelle évidemment les enseignants. Comme le dit souvent Gérard Fourez, pour apprendre les mathématiques à John, il ne suffit plus de connaître les mathématiques ni même de connaître John. Il faut aussi resituer le calcul dans un monde où les machines le font mieux et plus vite, il faut redécouvrir le sens de l'effort intellectuel demandé à l'élève. Informagique et microprofesseurs !

Quand un enfant demande pourquoi encore apprendre à extraire une racine carrée à la main, alors que n'importe quelle calculatrice de poche le fait en moins de microsecondes qu'il n'en faut pour le dire, la question est en fait fondamentale et une réponse impulsive souvent insuffisante.

Le problème dépasse d'ailleurs de loin le cadre de l'arithmétique; il concerne tout ce morceau de la science dont on n'a plus vraiment besoin aujourd'hui et dont beaucoup de professeurs ont de plus en plus de mal à justifier l'enseignement. Trois raisons essentielles plaident pourtant en faveur de ces disciplines que d'aucuns ont tendance à mettre un peu vite à la retraite.

La première est d'ordre culturel. Les sciences dites exactes restent des sciences humaines et elles ont donc leur patrimoine au même titre que la littérature ou l'architecture. L'archéologie technologique existe et le présent se doit d'être le gardien, la mémoire du passé.

La deuxième raison est directement liée à l'efficacité pédagogique. L'histoire des mathématiques, au-delà de sa richesse culturelle, est une mine de renseignements, un trésor pour l'enseignement. Les nuances des langues vivantes apparaissent souvent à l'étude des langues dites mortes; de même, un apprentissage de ce qu'on pourrait appeler les sciences mortes apparaît comme le garant d'une meilleure perception de la réalité scientifique d'aujourd'hui.

Si l'importance de la culture et les méthodes d'enseignement peuvent toujours être discutées, il existe néanmoins une troisième raison, incontestable celle-là, de respecter et de privilégier les sciences qui ne font plus l'actualité.

Les ordinateurs sont aujourd'hui tellement puissants que, bien souvent, la subtilité n'est plus impérative pour résoudre un problème. Dans les cas vraiment difficiles, quelques gigabytes en plus dans la mémoire centrale ou quelques unités-disques supplémentaires compensent le manque d'imagination.

Or, c'est la créativité qui a permis à Neper d'inventer les logarithmes et de débloquer ainsi le développement de l'astronomie, coincée par un stupide problème d'intendance arithmétique qui empêchait de tirer profit des équations de Kepler. C'est la créativité qui a permis à Newton de découvrir le développement en série des fonctions algébriques et de donner ainsi un nouvel élan à l'ensemble des mathématiques.

La créativité peut-être, mais aussi l'obligation de créer.

On oublie trop souvent que, si un ordinateur calcule quasi instantanément des centaines de décimales du nombre π, il utilise parfois encore aujourd'hui pour le faire des méthodes mises au point par Leibniz et ses disciples.

L'arithmétique et l'algèbre sont à l'informatique ce que le latin et le grec sont à la langue française. Pourquoi alors ne pas introduire un cours important d'histoire des sciences dans l'enseignement secondaire ? L'extraction manuelle d'une racine carrée y trouverait là sa véritable place et le cours de mathématiques pourrait être consacré à la logique booléenne, à l'analyse numérique, à l'évaluation des ordres de grandeur, à la théorie de l'information et aux autres sciences vivantes. Le calcul binaire, la méthode des différences finies ou les éléments de topologie ne présentent en effet pas plus de difficultés que la géométrie d'Euclide ou les équations trigonométriques et ces disciplines ne manqueraient pas de séduire des adolescents avides de se brancher sur la révolution de l'information.

Le monde change complètement, pourquoi l'enseignement des mathématiques devrait-il faire exception ?

Il y a longtemps un conflit opposait souvent le professeur de mathématiques à ses élèves à propos du tâtonnement. Face aux problèmes classiques des baignoires percées, de trains en route l'un vers l'autre, ou encore des âges de différents membres d'une famille, l'enseignant voulait imposer son équation du second degré à l'étudiant parti instantanément dans une méthode d'approximations successives souvent plus rapide.

Le professeur de l'époque ne pouvait certes pas savoir que les meilleurs informaticiens ou documentalistes seraient d'une certaine manière ceux qui tâtonneraient le mieux !

Alors, prudence, prudence…

Que reste-t-il des mathématiques quand il n'y a plus rien à calculer ? Le problème dépasse de loin le cadre de l'école. Beaucoup d'adultes engagés dans une vie professionnelle intense concluent un peu vite qu'à tout problème correspond une machine. C'est évidemment faux, à commencer par le problème qui consiste à inventer de nouvelles machines.

Alors, puisqu'il faut moins calculer aujourd'hui, n'est-ce pas l'occasion de réapprendre les mathématiques, de redécouvrir la force que procure le plaisir des idées ? C'est parce que la vie professionnelle exige moins d'efforts physiques qu'auparavant que beaucoup de gens ont retrouvé la joie de la pratique d'un sport. L'analogie est bien sûr tentante, tout comme l'est celle proposée par la pratique de l'art.

Il existe de grands théorèmes comme il existe de grandes symphonies et il y a de belles formules comme il y a de belles cathédrales. Mozart n'était-il pas un grand passionné des mathématiques et s'est-il jamais posé la question de savoir à quoi servait une symphonie ?

Pour permettre à chacun de chercher le sens des mathématiques, il importe de pouvoir partager le plaisir d'en faire.

C'est ce qu'il fallait démontrer !

La peur de son Nombre

Bertrand Russell (1872-1970) a dit un jour que les mathématiques sont nées au moment où l'on s'est rendu compte qu'il y avait quelque chose de commun entre un couple de faisans et une paire de claques. Au-delà de la boutade, le philosophe anglais affirme là quelque chose de fondamental. Le jour où est née l'idée de nombre a commencé, en effet, le premier moment des mathématiques.

L'idée de nombre certes, mais pas encore sa définition. Il faudra attendre plusieurs millénaires pour recevoir de Gottlob Frege (1848-1925) une définition rigoureuse ! Les mathématiques appliquées sont nées avant les mathématiques pures, ainsi va le monde. Les vignerons de Babylone faisaient bien à la même époque du vin, sans imaginer qu'un jour on établirait les équations chimiques de la fermentation.

Ce premier chapitre est donc consacré aux nombres, premier grand champ de recherche des mathématiques, d'ailleurs toujours en cours d'exploration. Quelques pages seront consacrées à chacun des « big six » : le zéro, le nombre d'or, la base des logarithmes népériens, la racine carrée de – 1, π évidemment et enfin (!) l'infini.

Mais il ne faut pas oublier trop rapidement les autres.

Tâchez par exemple de me donner un nombre tout bête. Pas un nombre premier, pas un carré ou un cube parfait, pas un palindrome du genre 7 227. Non, je souhaiterais vraiment un nombre tout bête.

Première tentative : 17. Pas de chance, 17 est le seul nombre premier qui soit la somme de quatre nombres premiers consécutifs

(2 + 3 + 5 + 7). Deuxième essai : 25. Nouvel échec qui fait mal, 25 est le seul carré qui, augmenté de 2 soit égal à un cube. Courage. 28 ? Non ! 28 est un nombre parfait (égal à la somme de ses diviseurs 1 + 2 + 4 + 7 + 14). On continue et… enfin ! 39. Ah oui, là on le tient le nombre quelconque, pas la moindre propriété, pas le moindre signe distinctif, même pas le moindre signe du tout. Tout le monde est bien d'accord : 39 est vraiment nul.

Mais il y a un mais. Car si cela est vrai, 39 devient immédiatement remarquable, comme étant le plus petit des nombres quelconques… Caramba, encore raté !

1. Vraiment nul

Partons de l'égalité suivante qui est difficilement contestable :

$$a^2 - a^2 = a^2 - a^2$$

Cela donne successivement :

$$(a + a) \cdot (a - a) = a \cdot (a - a)$$

$$2a \cdot (a - a) = a \cdot (a - a)$$

$$2 \cdot a = a$$

$$2 = 1$$

Aurions-nous réussi à prouver que 2 est égal à 1 ?

Cette démonstration ne peut visiblement pas être correcte et pourtant les opérations effectuées sont permises avec n'importe quel autre nombre. Le problème ne vient donc pas des opérations elles-mêmes mais du terme $(a - a)$, le zéro, qui n'est pas un nombre comme un autre. Il n'apparaît d'ailleurs dans notre civilisation qu'au Moyen Âge, soit des milliers d'années après les autres chiffres.

Ils étaient donc vraiment fous ces romains qui calculaient sans le zéro.

Tout comme Archimède d'ailleurs qui voulut compter le nombre de grains de sable nécessaires pour remplir un espace aussi grand que l'Univers.

Son système de comptage repose sur une chaîne de multiplications dont le premier maillon est une estimation du nombre de grains de sable nécessaire pour remplir une sphère de la taille d'une graine de pavot : 10 000 selon Archimède (qui écrivait le nombre sans zéro !).

Il définit ensuite le doigt comme une sphère de diamètre 40 fois supérieur à celui de la graine de pavot. Ce doigt aura donc un volume de 40^3 fois celui de la graine car le volume d'une sphère est proportionnel au cube de son diamètre. Il pourra par conséquent contenir $40^3 \cdot 10\,000 = 640\,000\,000$ grains de sable.

En définissant ensuite un stade comme une sphère d'un rayon 10 000 fois plus grand que celui d'un doigt et enfin en estimant le rayon de l'Univers comme 10^{14} fois supérieur à celui du stade, Archimède développe son système de comptage. En définitive, le nombre de grains de sable nécessaire pour remplir l'Univers correspondra en notation actuelle à 10^{63} grains de sable.

Mais comme Archimède travaillait avec des noms de nombres plutôt qu'avec des chiffres, il dût inventer des ordres de grandeurs pour nommer des quantités aussi grandes.

Ainsi le nom pour 10 000 était « myriade », on devait parler de myriade de myriades pour désigner 10^8. Et pour compter plus loin, ce nombre devenait l'unité la plus petite d'un ordre de grandeur supérieur.

À cette époque, les nombres sont attachés aux objets, ils ne peuvent s'étendre au-delà des choses qu'ils représentent. Et puisqu'un non-objet n'existe pas, le zéro n'existe pas !

Et que vaut alors 5^0 ?

Si l'on considère que 5^3 est une chaîne de trois 5 multipliés entre eux, alors que vaut une chaîne de zéro 5 multiplié entre eux ?

Le mieux que l'on puisse faire est de rechercher une solution acceptable mathématiquement en partant d'un résultat certain et de le développer jusqu'à obtenir ce que l'on désire.

Partons de la propriété d'addition des exposants :

$$5^a \cdot 5^b = 5^{a+b}$$

Si l'on remplace a par n'importe quel nombre (par exemple 2) et b par 0, il faut que cette égalité reste correcte.

$$5^2 \cdot 5^0 = 5^2$$

Donc 5^0 est égal à 1.

2. Vraiment beau

Les rectangles ne sont pas tous semblables. Certains sont longs et étroits, d'autres se rapprochent plutôt du carré. D'autres encore se situent entre ces deux extrêmes et sont d'une certaine manière plus agréables à l'œil. Certains rectangles sont effectivement plus harmonieux que d'autres, plus esthétiques, en un mot mieux proportionnés. Mais de quelle proportion s'agit-il… au juste ?

Il ne peut évidemment s'agir que du rapport entre la longueur et la largeur, entre les deux côtés du rectangle. Y aurait-il alors une proportion parfaite qui conférerait au rectangle l'harmonie absolue ?

Dans l'Antiquité, les Grecs avaient déjà étudié la question et établi ainsi l'un des premiers critères de la beauté géométrique : un rectangle est harmonieux s'il garde les mêmes proportions lorsqu'on lui enlève un carré. Dans ce cas, le rapport parfait entre la longueur et la largeur est baptisé nombre d'or et sa valeur est de 1,618… (♠)

Le rapport inverse découle de sa propriété esthétique. Il s'obtient en lui retirant une unité. À quelques poussières de chiffre près en effet :

$$\frac{1}{0{,}618} = 1{,}618$$

Ce nombre d'or a des propriétés multiples mais l'une d'elles est plutôt gênante : il est difficile à retenir. Voici un petit moyen mnémotechnique issu directement de la définition : la longueur du grand rectangle d'or est 1 et sa largeur x, l'inverse du nombre d'or vaut donc x. Si l'on enlève un carré, la longueur du petit rectangle d'or est x et sa largeur $(1-x)$, et l'inverse du nombre d'or vaut donc aussi par définition $\frac{1-x}{x}$.

Les deux valeurs sont bien sûr égales :

$$x = \frac{1-x}{x}$$

Donc $\quad 1 - x = x^2$

$$1 = x^2 + x = x(x+1)$$

et $\quad x = \frac{1}{1+x} = \cfrac{1}{1+\cfrac{1}{1+x}} = \cfrac{1}{1+\cfrac{1}{1+\cfrac{1}{1+\dots}}}$

Cette expression mathématique est appelée fraction continue car jusqu'à l'infini on peut remplacer x par $\frac{1}{1+x}$.

Plus on s'enfonce dans les dénominateurs, et plus on se rapproche de la valeur du nombre d'or :

$$1 + \frac{1}{1+1} = 1{,}5$$

$$1 + \cfrac{1}{1+\cfrac{1}{1+1}} = 1 + \cfrac{1}{\cfrac{3}{2}} = 1 + \frac{2}{3} = 1{,}666$$

etc.

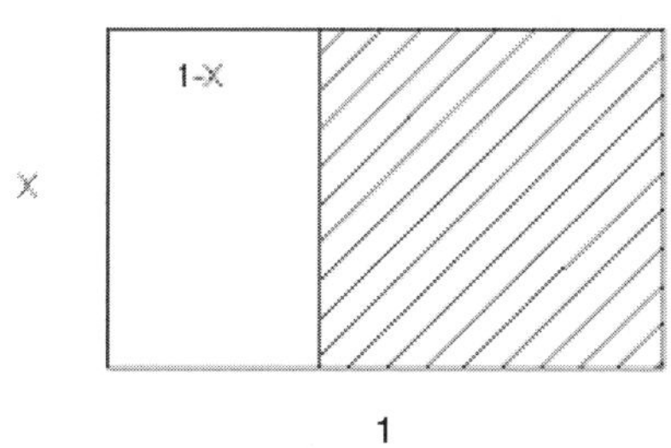

3. Vraiment pis

La « quadrature du cercle » est l'expression utilisée d'habitude pour désigner un problème sans solution. Mais qui sait qu'il s'agit en fait de l'impossibilité de construire, avec comme seuls outils une latte et un compas, un carré de surface équivalente à un cercle donné ? Tout candidat à ce genre d'exploit a d'ailleurs un comportement qualifié d'irrationnel. Mais qui sait qu'un nombre est irrationnel simplement quand il ne peut s'exprimer sous la forme d'une fraction ?

Dans ces deux exemples, l'inconscient du langage est en fait envoûté par le nombre π et son interminable cortège de décimales.

π est connu comme un partenaire incontournable dès qu'il s'agit d'un cercle ou d'une sphère. Mais son rayon d'action s'étend bien au-delà. π peut même se retrouver là où il n'y a que des droites !

Si, sur le sol, on dessine un grand nombre de lignes parallèles éloignées les unes des autres d'une même distance d, le jet répété d'un bâton de longueur d conduit « par hasard » au nombre π.

Deux cas sont en effet possibles. Ou bien le bâton croise l'une des droites parallèles, ou bien il se situe totalement entre deux d'entre elles. La première situation est la plus probable, elle survient environ deux fois sur trois. Pour être tout à fait exact, elle survient deux fois sur… π. (♠)

La probabilité pour que le bâton croise une des lignes est donc de 2 / π. La méthode n'est pas très efficace… 10 000 lancers sont nécessaires pour être à peu près sûr de trouver 3,14 ! Mais faut-il être efficace pour être beau ?

En 1674, Leibniz proposa pour calculer π une formule extrêmement simple :

$$\frac{\pi}{4} = 1 - \frac{1}{3} + \frac{1}{5} - \frac{1}{7} + \ldots$$

Là aussi la convergence est désespérément lente, 300 termes sont nécessaires pour obtenir le fameux 3,14. (♠)

Mais de proche en proche, des centaines d'autres méthodes furent développées pour rajouter des décimales. Aujourd'hui, le mur du milliard de chiffres après la virgule a été franchi sans pour autant permettre d'en comprendre la fréquence ou l'éventuelle périodicité.

π est un nombre merveilleux, qui appartient pour l'éternité au cercle des théorèmes disparus.

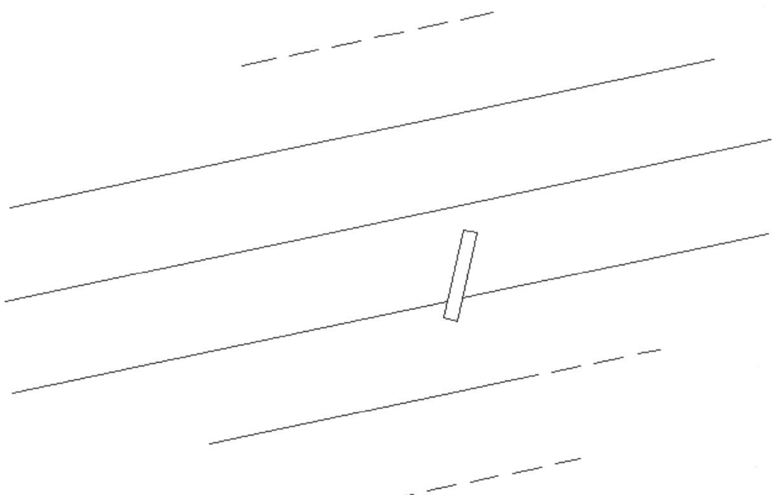

4. Vraiment plus

Le nombre d'or et le nombre π sont parmi les plus connus des mathématiques. Mais il est d'autres comètes du calcul – un chiffre en tête et une infinité d'autres derrière la virgule – qui sont observées périodiquement par ceux qui lèvent les yeux au ciel.

Le nombre **e** est de ceux-là, lui aussi fascinant et jaloux de ses secrets. Il a ouvert la voie au calcul différentiel mais, beaucoup plus simplement, il apparaît déjà dans la vie de tous les jours, comme en témoigne l'exemple suivant.

Un capital de 10 000 euros placé à 10 % devient 11 000 euros la première année, 12 100 la deuxième, et par le jeu des intérêts composés après 10 ans la somme se monte à

$$10\,000 \cdot (1 + 10\ \%)^{10} = 25\,937 \text{ euros}$$

Comme la capitalisation des intérêts contribue pour près de 16 000 euros au résultat final, la tentation est alors, si l'on oublie le travail comptable, d'encaisser les intérêts plus d'une fois par an. Des intérêts perçus tous les six mois par exemple permettraient de construire un montant de

$$10\,000 \cdot (1 + 5\ \%)^{20} = 26\,533 \text{ euros}$$

soit près de 600 euros de plus.

Le travail fait tous les trimestres déboucherait sur

$$10\,000 \cdot \left(1 + \frac{1}{40}\right)^{40} = 26\,851 \text{ euros}$$

puisque $$2{,}5\ \% = \frac{1}{40}$$

Pourquoi ne pas aller alors jusqu'au bout de la logique ? Si on capitalisait un nombre infini de fois, toutes les secondes même, deviendrait-on alors infiniment riche ?

Eh bien non, car

$$10\,000 \cdot \left(1 + \frac{1}{m}\right)^{m} = 27\,182{,}8$$

même quand on capitalise de manière continue, c'est-à-dire aussi grande que soit la valeur donnée à m.

$\left(1 + \frac{1}{m}\right)^{m}$ qui vaut 2,25 pour $m = 2$

et 2,441 quand $m = 4$

tend en effet vers le nombre

$$\mathbf{e} = 2{,}7\ 1828\ 1828\ldots$$

quand m devient infiniment grand. (♠)

Ce nombre est l'un des grands piliers des mathématiques.

Tout comme son cousin π, on peut également tomber sur **e** par un hasard qui n'en est pas un. Si 50 couples se retrouvent à une soirée, et qu'un tirage au sort en reforme 50 autres, la probabilité qu'aucun participant ne retrouve son partenaire est d'environ une chance sur trois. Plus exactement, d'une chance sur… **e** si le nombre de couple tend vers l'infini. (♠)

5. Vraiment fou

Même chez ceux à qui l'algèbre n'a pas donné la passion des mathématiques, certaines expressions, certains sons résonnent encore longtemps dans la tête. $\sqrt{b^2 - 4ac}$ est de ceux-là, reliquat d'une époque où l'équation du second degré meublait les heures de cours. $b^2 - 4ac$ devait d'ailleurs être plus grand ou égal à zéro, sinon l'équation n'avait pas de solution, la racine carrée d'un nombre négatif n'existant pas.

Enfin, telle était la version officielle. Car, depuis plusieurs siècles, les mathématiciens avaient évidemment voulu en savoir plus, trouver un nombre qui multiplié par lui-même donnerait quand même un résultat négatif. Ils durent plonger dans leur imaginaire et baptisèrent donc ce nombre nouveau-né $\boldsymbol{i}$. L'acte de naissance stipulait en plus que

$$i^2 = -1 \text{ (♠)}$$

et que le second prénom de l'enfant serait complexe. L'avenir dira à quel point ce choix fut judicieux.

Tout nombre peut donc prendre la forme de $a + bi$ (b étant nul dans les cas traditionnels). Le nombre de propriétés rendues alors disponibles est réellement inimaginable.

Deux nombres complexes $(a + bi)$ et $(a - bi)$ ont par exemple un produit réel puisque

$$(a + bi)(a - bi) = a^2 - abi + abi - b^2i^2 = a^2 + b^2$$

Cette formule nous laisse entrevoir l'extraordinaire puissance du système, comme le prouve un tout petit voyage aller-retour au pays de l'imaginaire.

Il est demandé de transformer 145 en une somme de deux carrés.

Or, $$145 = 5 \cdot 29$$

D'autre part, $$5 = 4 + 1 = (2 - i) \cdot (2 + i)$$

et $$29 = 25 + 4 = (5 - 2i) \cdot (5 + 2i)$$

Donc

$$\begin{aligned} 5 \cdot 29 &= (2 + i)(5 + 2i) \cdot (2 - i)(5 - 2i) = (8 + 9i) \cdot (8 - 9i) \\ &= 64 + 81 = 8^2 + 9^2 \end{aligned}$$

ce qui est bien le résultat demandé.

Le hasard aurait pu conduire à une factorisation différente

$$\begin{aligned} 5 \cdot 29 &= (2 + i)(5 - 2i) \cdot (2 - i)(5 + 2i) = (12 + i) \cdot (12 - i) \\ &= 144 + 1 = 12^2 + 1^2 \end{aligned}$$

Mais le résultat répond aussi à la demande de départ !

Si un léger vertige vous envahit à ce moment-ci, rien d'étonnant à cela, vous venez de toucher à l'un des outils les plus forts des mathématiques, l'un de ceux qui ont permis par exemple la naissance de la physique théorique.

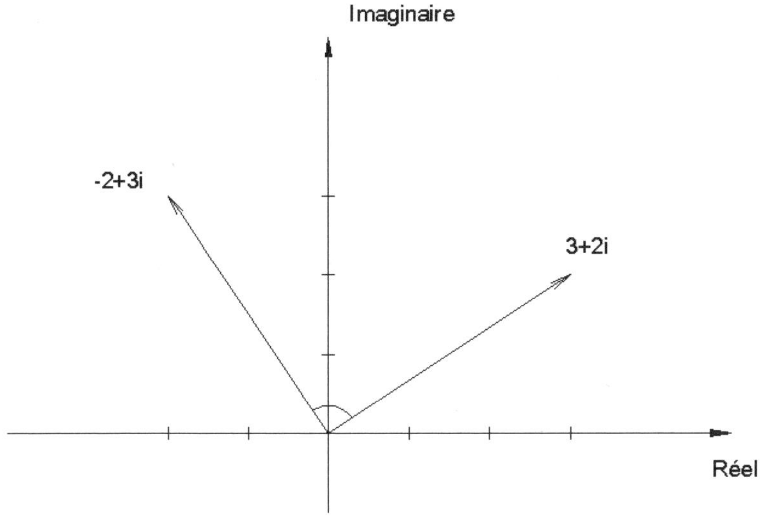

Les nombres complexes peuvent se représenter dans un plan cartésien où l'axe horizontal mesure la partie réelle et l'axe vertical la partie imaginaire. Multiplier un nombre complexe par i revient alors à lui faire subir une rotation de 90° dans le sens contraire des aiguilles d'une montre.

En effet

$$(3 + 2i)i = -2 + 3i$$

Tout cela est-il aussi bizarre qu'on le dit ? Peut-être est-ce simplement une question d'habitude. Finalement, les nombres imaginaires ne sont pas plus imaginaires que les nombres négatifs car tous deux ne représentent rien.

6. Vraiment long (surtout vers la fin)

Alors, Monsieur Pythagore, êtes-vous bien sûr de ne pas vous être trompé ? Dans le triangle rectangle ABC, d'après vous, $(AB)^2 + (AC)^2 = (BC)^2$

N'est-ce pas plutôt la relation AB + AC = BC qui est vérifiée ?

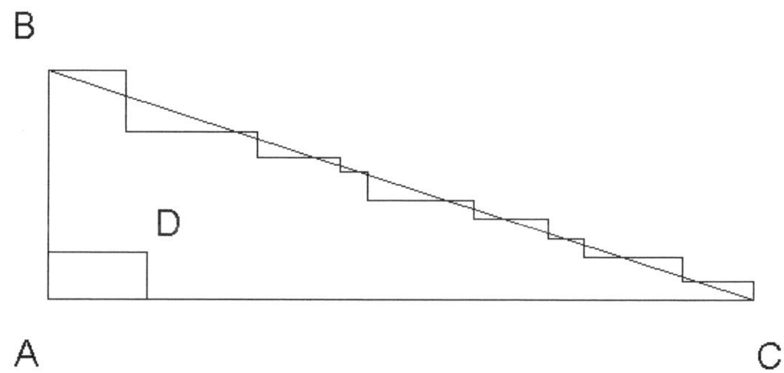

À y regarder de plus près en effet, le trajet qui mène de B à C via A a la même longueur si l'on passe plutôt par D. À y regarder d'encore plus près, la distance parcourue est toujours la même si l'on suit la ligne brisée irrégulière qui coupe et recoupe l'hypoténuse BC.

Et ce trajet ne s'allonge pas si les marches de l'escalier deviennent de plus en plus petites, minuscules même au point de ne plus pouvoir les voir, d'aussi près que l'on veuille regarder.

Alors, Monsieur Pythagore, n'a-t-on pas AB + AC = BC, l'hypoténuse n'est-elle pas égale à la somme des deux côtés de l'angle droit ? Quand le grand côté du triangle ressemble à une scie dont les dents sont infiniment usées, le pont aux ânes tiendrait-il toujours debout ?

Non, nous répondez-vous. Notre erreur est notre perception du mot « infiniment ». Effectivement, depuis les travaux de Georg

Cantor, il est acquis que l'infini est un concept beaucoup plus étendu qu'estimé à première vue.

Pour illustrer cela, examinons la question suivante : Y a-t-il plus de nombres entiers que de multiples de trois ? À première vue la réponse est évidemment oui, puisque 2/3 des nombres entiers ne sont pas multiples de trois.

Mais à deuxième vue ? Formons les deux suites infinies

	1	2	3	4	5	6	…
et	3	6	9	12	15	18	…

La correspondance deux à deux entre un nombre et son triple est possible aussi loin que l'on veuille aller.

Il y a donc autant de nombres que de multiples de trois… !

Mais une question étrange vient alors à l'esprit : tous les infinis sont-ils identiques ?

Et bien non. Par un éclair de génie que Cantor a baptisé de « diagonal », il a prouvé que certains infinis étaient plus grands que d'autres.

Prenons par exemple l'infinité des nombres binaires infiniment longs (l'ordre n'a pas d'importance).

(1)	0	0	1	0	1	0	1	0	…
0	(0)	1	0	1	0	0	0	1	…
1	0	(1)	0	0	1	0	0	1	…

etc.

Cantor a montré que même si on les prend tous, il y en a toujours au moins un qui manque !

C'est le nombre infini diagonal dont on retourne tous les éléments (dans ce cas-ci : 0 1 0…).

Ce nombre est différent de l'infinité des autres. En effet, il est différent du premier nombre au moins par son premier chiffre, il est différent du deuxième nombre au moins par son deuxième chiffre… jusqu'à l'infini.

Cantor a avoué avoir lui-même été effrayé par sa découverte. Qu'ont dû penser alors les logiciens ? Car si certains infinis sont supérieurs à d'autres, que devient alors une expression comme « Tous les multiples de neuf sont divisibles par trois » ? Est-on bien sûr de les avoir tous ?

Nul n'entre ici s'il n'est géomètre !

Cette inscription était gravée paraît-il à l'entrée de l'Académie de Platon. Tout comme les Égyptiens, les Grecs n'étaient pas en effet des mathématiciens. Leur souci premier était la mesure. Mais, à la différence des Égyptiens, une deuxième préoccupation les tenaillait : la capacité de démontrer. Géométrie et théorème sont depuis lors inséparables. Survolons cela à travers cinq grandes figures.

Quelque part du côté de Millet, Thalès ouvrit au VIIe siècle av. J.-C. les deux grands chapitres de la pensée grecque : la philosophie et la géométrie. Penseur de la mesure et mesureur de la pensée, il proposa simultanément une théorie de la nature et des théorèmes sur les proportions.

Pythagore qui voyait des nombres partout s'est inscrit, deux siècles plus tard, dans la même double tradition initiée par Thalès : celle du mathématicien qui démontre et celle du philosophe qui montre. CQFD et CQFM.

Le plus célèbre des géomètres est probablement Euclide (il est vrai qu'il n'était que géomètre). Ses huit livres font partie des « best-sellers » de la littérature mondiale, avec la Bible et… Harry Potter. Euclide pousse l'art de la démonstration au rang des plus belles disciplines.

Au IIe siècle av. J.-C., la géométrie grecque connaîtra une forme d'apothéose avec un généraliste, Archimède, et un spécialiste, Apollonius.

Le premier était très concerné par la défense de sa patrie Syracuse et mit au point des miroirs utilisés pour incendier les vaisseaux au loin ou encore des leviers pour rendre les catapultes plus puissantes.

Apollonius était à la fois plus théoricien et plus focalisé (!) sur un type de recherche qui l'a rendu célèbre : les coniques. Nous le retrouverons p. 33 et p. 154.

7. Beau dessin et long discours

On vous demande de calculer la somme $1 / 3 + 1 / 3^2 + 1 / 3^3 + \dots$

Le plus simple est d'imaginer un bâton de longueur 1 que l'on va couper en petits morceaux.

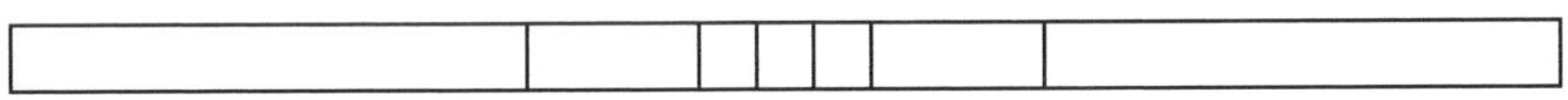

On commence par le diviser en trois. Par rapport à la somme demandée, il nous faut donc garder le premier tiers et on peut évidemment jeter le troisième. Celui du milieu va nous fournir les termes suivants de la série. Divisons-le à nouveau en trois. Le premier neuvième est le deuxième terme de la somme demandée, le troisième est inutile, etc.

Aussi loin que l'on aille dans la division du bâton, à chaque étape, il faudra garder un morceau et jeter un autre. La somme demandée est donc $1 / 2$.

Ceci n'est pas vraiment une démonstration car le résultat n'était pas annoncé au départ.

Mais il existe de nombreux cas où un petit dessin vaut mieux qu'une longue démonstration. Et là il s'agit bien de preuve.

Prouvons par exemple que : $1 + 2 + 3 + 4 + 5 + \dots + n = n(n + 1) / 2$

On peut le faire par récurrence, en deux temps :

- partir du fait que la thèse est vérifiée pour n petit si $n = 4$ par exemple on a bien : $4(4 + 1) / 2 = 10$;
- montrer que si c'est vrai pour n, c'est aussi vrai pour $n + 1$ et le tour est joué (♠).

Mais on peut aussi le démontrer graphiquement.

Dessinons la somme demandée pour $n = 7$ par exemple. En imaginant un segment BC, on voit que la somme demandée est un demi-carré de côté 7 plus 7 petits demi-carrés au-dessus de l'hypoténuse.

Soit : $n^2 / 2 + n / 2$ ou encore $n(n + 1) / 2$

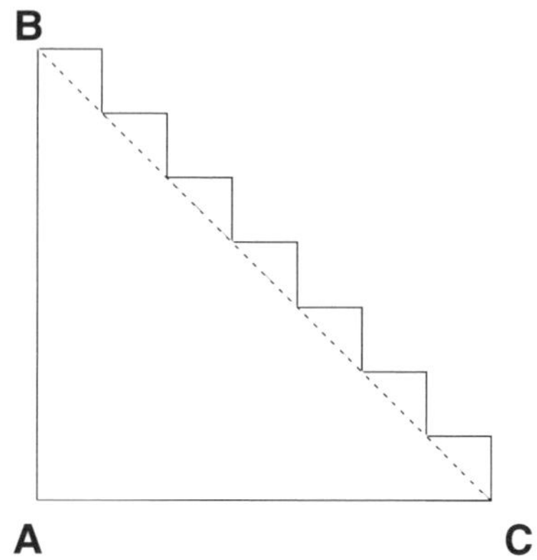

Dernier exemple.

Démontrons que $1 / 2 + 1 / 4 + 1 / 8 + \ldots = 1$.

Nous partirons d'un carré de côté 1 et nous organiserons tous les termes demandés de la manière suivante, en alternant rectangle et carré.

Il apparaît graphiquement qu'à la limite on couvre bien 1, la totalité du carré.

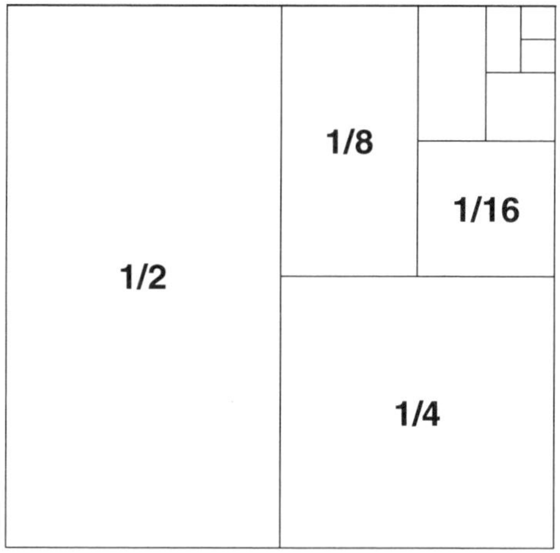

À vous maintenant de prouver avec les yeux que $1 / 4 + 1 / 16 + 1 / 64 + \ldots = 1 / 3$.

8. Des courbes plutôt coniques

L'hyperbole est l'une des trois courbes d'Apollonius obtenues en coupant un double cône par un plan. Les deux autres courbes, la parabole et l'ellipse, s'obtiennent lorsque le plan ne coupe que l'un des deux cônes (la parabole résulte du cas particulier où le plan est parallèle à la génératrice du cône).

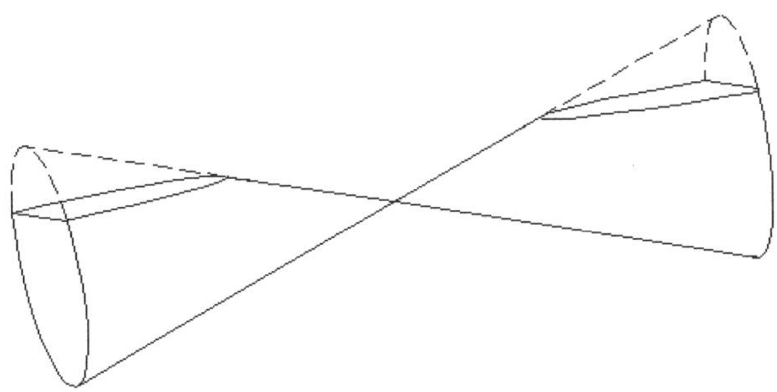

Représentée dans un plan, l'hyperbole apparaît tangente à l'infini à deux droites qui l'enserrent. Ce sont ses asymptotes. Et dans le cas particulier où elles forment un angle droit, celles-ci déterminent alors la plus simple des hyperboles

$$x \cdot y = 1$$

c'est-à-dire qu'à tout point sur l'axe des x (abscisse) correspond son inverse sur l'axe des y (ordonnée). La courbe passe donc par $\left(\frac{1}{2}, 2\right)$ $(1,1)$ $\left(2, \frac{1}{2}\right)$ etc.

En physique, c'est une courbe de ce type qui unit la Pression et le Volume d'un gaz parfait pour une température donnée

$$\mathrm{P} \cdot \mathrm{V} = \text{Constante } (\spadesuit)$$

autrement dit, si la pression double, le volume diminue de moitié.

En économie, l'hyperbole peut dans certains cas représenter la courbe de la demande d'un bien. Tant il est vrai que pour un prix nul, la demande est infinie et que pour un prix infini, la demande est nulle. Ou presque.

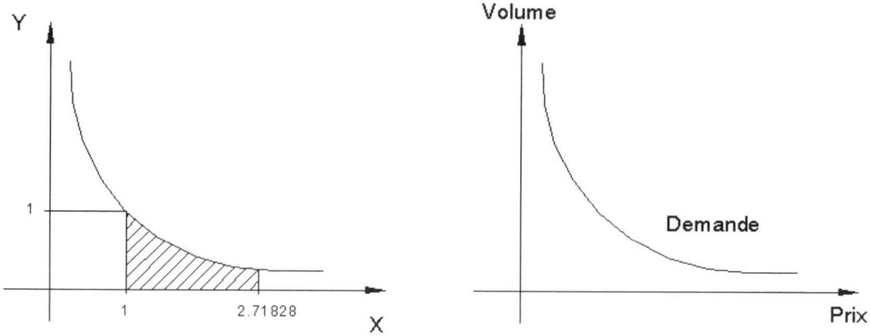

L'hyperbole nous permet aussi d'aborder le concept de calcul intégral. Imaginons qu'on pousse sous la courbe le carré de côté un qui est à sa gauche. La base de cette surface équivalente aura pour longueur 1,71828... car le point atteint sur l'axe des x sera distant de l'origine d'une longueur égale à $\boldsymbol{e}$.

L'intégrale de $\frac{1}{x}$ est en effet $\ln x$ (♠)

et la surface hachurée est donc $\ln e - \ln 1 = 1 - 0 = 1$.

Comme quoi, même la plus simple des courbes peut nous ramener à l'un des nombres les plus fascinants des mathématiques.

9. Complètement irrationnel

Le plus célèbre de tous les théorèmes de géométrie plane est probablement celui que l'on attribue à Pythagore. Il a été baptisé un jour « Pont aux Ânes » et affirme que le carré construit sur le plus grand côté d'un triangle rectangle – côté que l'on appelle hypoténuse – a une aire égale à la somme des aires des carrés construits sur ses deux autres côtés.

Ce théorème a été démontré jusqu'à l'usure par autant de générations d'étudiants. Le nombre de démonstrations est très élevé. Les plus classiques d'entre elles trouvent leur place dans les éléments d'Euclide.

D'autres démonstrations, au nom des mathématiques « modernes », se font sans même recourir à la figure géométrique. Des équations aux produits scalaires et produits vectoriels y ont remplacé le crayon et la latte. Pourtant, face à une personne qui ne comprend pas bien un mécanisme, la proposition la plus chaleureuse n'est-elle pas précisément… de faire un dessin ?

Et puisqu'un petit dessin vaut souvent mieux qu'un long discours de mathématique, pourquoi ne pas aller jusqu'au bout du raisonnement et démontrer le théorème de Pythagore sans faire le moindre calcul ? Voici comment faire.

La thèse est valable pour n'importe quel triangle rectangle. L'astuce consiste simplement à le prendre en huit exemplaires et à les disposer comme indiqué sur les figures de la page suivante.

Ces deux figures ont des tailles identiques. Si on leur retire tous les triangles rectangles, c'est-à-dire des surfaces égales, les surfaces restantes seront bien sûr aussi égales.

Or dans le premier cas, on a le carré construit sur l'hypoténuse, et dans l'autre, la somme des carrés construits sur les deux autres côtés…

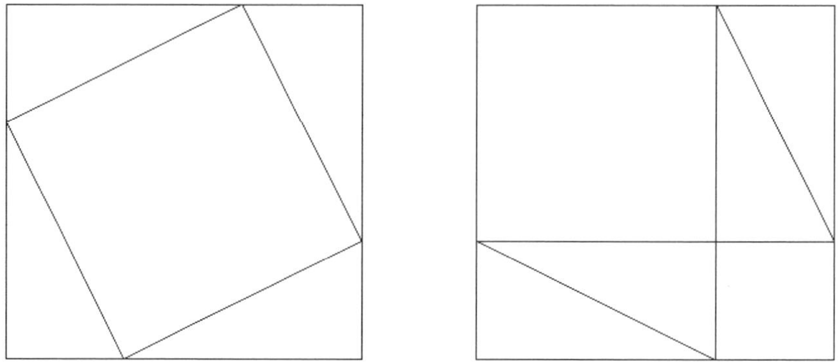

Pythagore était convaincu que dans l'Univers toute grandeur pouvait être mesurée par un nombre entier ou par une fraction de 2 nombres entiers.

Son propre théorème lui prouva le contraire !

En effet la diagonale d'un carré de côté 1 ne peut pas s'exprimer par une fraction simplifiée $\frac{a}{b}$.

Si c'était le cas, on aurait en effet

$$1^2 + 1^2 = \frac{a^2}{b^2}$$

$$a^2 = 2 \cdot b^2$$

a^2 serait donc pair, et a aussi.

Remplaçons alors a par $2c$. Mais cela donne

$$b^2 = 2c^2$$

et b serait aussi pair.

Or, c'est impossible. Puisque $\frac{a}{b}$ a été supposé simplifiée, a et b ne peuvent pas être pairs en même temps.

Il paraîtrait que les pythagoriciens décidèrent de garder cette démonstration secrète…

10. Le nœud du problème

Presque toutes les disciplines ont des villes symboles qui deviennent un jour ou l'autre un lieu de pèlerinage pour leurs adeptes.

Les historiens se rendent ainsi à Compiègne, les sportifs à Olympie, les musiciens à Salzbourg, les géographes à Greenwich.

Les mathématiciens ont aussi le choix, mais ils se doivent de passer une fois dans leur vie à Königsberg. Pour être exact, ils se doivent de passer une et une seule fois sur chacun des sept ponts qui relient les deux îles de la rivière au restant de la ville. Pour être vraiment tout à fait exact, ils doivent essayer de faire cette promenade et se rendre compte qu'elle est impossible. Ce qu'a démontré Euler en 1736.

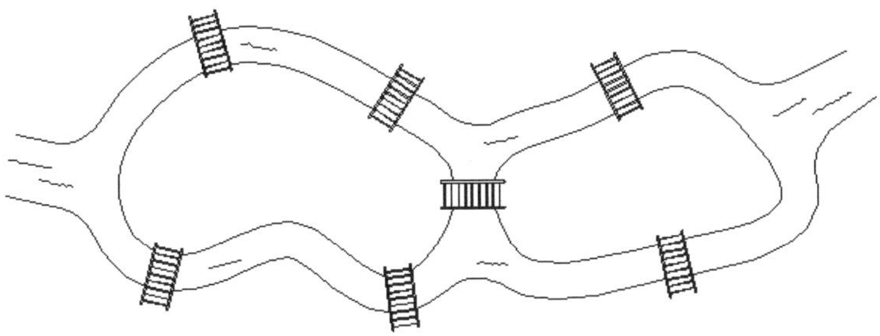

Königsberg, qui porte toujours aujourd'hui le nom soviétique de Kaliningrad – pour combien de temps encore ? –, est en effet un symbole de départ de plusieurs branches des mathématiques : l'analyse combinatoire, la théorie des graphes et la topologie. Euler y démontra que, dans un réseau maillé, la promenade où chaque section n'est empruntée qu'une fois n'est possible que si, et seulement si, un maximum de deux nœuds est lié aux autres par un nombre impair de branches. (♠)

Dans le cas de Königsberg, le réseau équivalent à la promenade est :

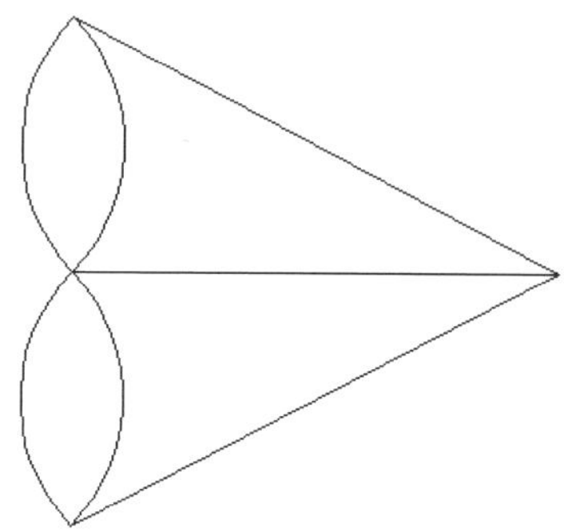

Tous les nœuds sont ici reliés aux autres nœuds par un nombre impair de trajets et la promenade tentée par le mathématicien est donc impossible.

Cette branche des mathématiques vit aujourd'hui une nouvelle jeunesse avec le développement d'Internet.

Car l'ensemble de tous les sites Internet du monde peut être vu comme un immense graphe dans lequel les nœuds seraient les sites eux-mêmes et les arrêtes des liens hypertextes qui les relient entre eux.

Lorsqu'un internaute effectue une recherche sur Google (rappelons au passage qu'un google vaut 10 exposant 100 !), l'ordre d'apparition des sites à l'écran ne peut être dû au hasard. Le premier de la liste doit idéalement être le plus intéressant pour le navigateur et les suivants doivent être classés en fonction de leur pertinence par rapport à la recherche.

Comment est-il possible de calculer le degré d'intérêt d'un site Internet ?

Le principe de base est simple : chaque site Internet reçoit, au départ, un certain nombre de points et il les distribue aux sites vers lesquels il pointe. Les sites qui possèdent le plus de points seront ceux qui apparaîtront en premier à l'affichage du résultat de la recherche.

Donc, les points d'un site seront d'autant plus élevés que le nombre de sites pointant sur lui est élevé et que ces liens sortent de sites possédant eux-mêmes beaucoup de points. Dans un réseau simple à quatre sites et en notant P(A) le nombre de points de A, cela donne par exemple :

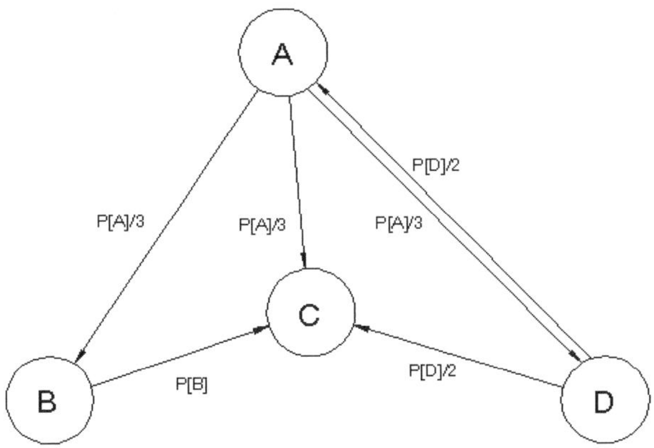

Si A possède 9 points et pointe vers 3 sites différents, chacun d'eux recevra 3 points de popularité. Le site C recevra donc des autres sites un nombre total de points égal à :

$$P(A) / 3 + P(B) + P(D) / 2$$

Mais comment attribuer a priori des points à un site ?

Ce nombre ne peut être ni trop petit ni trop grand, il faut raisonner en termes de probabilité.

Imaginons que le Web soit constitué d'un milliard de sites. On définit l'indice du site A comme le nombre moyen de visites de A en explorant le réseau au hasard par un milliard de clics. Il y a en réalité deux manières d'y arriver, on peut cliquer directement dessus ou y arriver par l'intermédiaire d'autres sites.

Au départ, les concepteurs de Google ont proposé le résultat suivant : A sera visité dans 15 % des cas de manière directe et dans

85 % des cas de manière indirecte. Ce qui nous donne pour notre exemple de réseau à quatre sites :

$$P(C) = 0{,}15 + 0{,}85 \cdot [P(A) / 3 + P(B) + P(D) / 2] \ (\spadesuit)$$

De manière générale, le premier terme est le nombre de points fixes que reçoit un site au départ et le deuxième terme correspond à ce qu'il reçoit des autres sites.

En écrivant cette relation pour chacun d'eux (A, B, C et D), on obtient un système de quatre équations qui nous permet de calculer les quatre indices de popularité. La somme de tous les indices étant bien sûr égale au nombre total de sites.

11. Au commencement était Platon

C'est une réflexion d'un même ordre qui a mis Euler sur la piste d'une formule qui portera son nom.

Il détermina en effet que pour tout solide formé de Faces planes, d'Arêtes rectilignes et de Sommets, l'égalité suivante est toujours vérifiée.

$$F + S - A = 2 \ (\spadesuit)$$

Dans le cas du cube, on a bien

$$6 \text{ (Faces)} + 8 \text{ (Sommets)} - 12 \text{ (Arêtes)} = 2$$

Euler voulut alors généraliser son résultat et voir ce que l'équation donne lorsqu'on démonte le polyèdre et qu'on l'étale sur un plan. Par exemple, un cube déplié laisse l'égalité intacte à une unité près. Autrement dit,

$$F + S - A = 1 \ (\spadesuit)$$

Effectivement, 6 + 14 – 19 = 1.

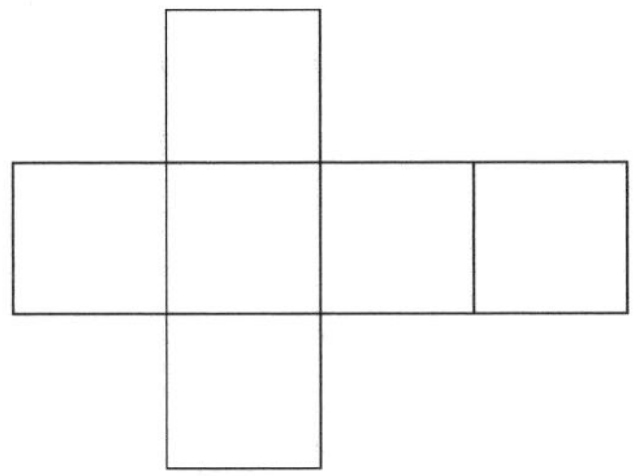

Cette dernière équation est vérifiée pour tout réseau maillé si l'on accepte de prendre les notions de Face, de Sommet et d'Arête au sens large.

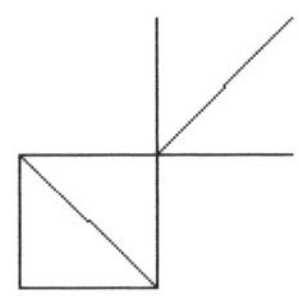

Dans l'exemple ci-dessus, on a bien 2 surfaces délimitées, 8 segments de droites et 7 points équivalents à des sommets.

$$2 + 7 - 8 = 1$$

Au passage, grâce à sa formule, Euler démontre une affirmation faite par Platon vingt-deux siècles avant lui à propos des solides réguliers, c'est-à-dire ceux dont toutes les faces sont des polygones réguliers identiques. Le cube et la pyramide aux quatre faces triangulaires font bien sûr partie de ceux là. Mais combien y en a-t-il ? Platon en avait répertorié cinq et chacun d'eux était associé à l'un des cinq éléments de base de l'Univers : le feu, l'air, l'eau, la terre et… l'éther qui remplirait l'espace au-delà de l'atmosphère.

Et effectivement, il n'en existe pas un de plus ! Mais il a fallu attendre Euler, pour pouvoir le démontrer…

Dans un solide platonicien, chacune des arêtes est commune à deux faces et relie toujours deux sommets entre eux. Donc, en notant N le nombre d'arêtes par face et P le nombre d'arrêtes partant de chaque sommet, on peut écrire :

$$2A = NF \quad \text{et} \quad 2A = PS$$

Combinées à la formule d'Euler, de ces deux propriétés on déduit l'égalité

$$A(2N + 2P - NP) = 2NP$$

Le terme entre parenthèses doit toujours être positif puisque $2NP$ et A le sont. Cela signifie que

$$(N - 2)(P - 2) < 4$$

De plus, N et P ne peuvent prendre des valeurs inférieures à 3 car des nombres plus petits conduiraient à une figure plane ou à une droite. Compte tenu de cette remarque et de l'inégalité précédente, il ne reste bien que cinq combinaisons possibles pour N et P (♠).

12. Le cinquième élément

Lorsqu'en 300 av. J.-C. Euclide décida d'écrire ses éléments de géométrie, il prit comme point de départ cinq postulats, cinq affirmations supposées tellement évidentes que toute démonstration est superflue. C'est en tout cas ce qu'il croyait. Mais, pour le cinquième, il se trompait.

« Par un point M pris hors d'une droite D, passe une et une seule parallèle P à cette droite ». Cette affirmation n'est pas du tout évidente. Si on prend une deuxième droite passant par ce point et formant avec la première un angle très très petit, cette nouvelle droite rencontrera-t-elle la droite de départ ? Comment être sûr de ne pas avoir construit une deuxième parallèle, une sorte d'asymptote qui se rapproche continuellement de la droite de départ mais sans jamais la rencontrer. Il semble que ce postulat qui se présentait au départ comme une évidence prend petit à petit un arrière-goût de convention mathématique.

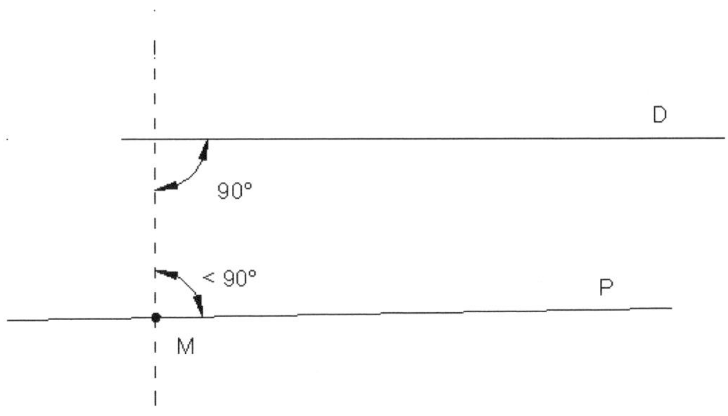

Et si on décide que cette droite est une seconde parallèle, alors on peut en construire une troisième en prenant un angle deux fois plus petit et puis, de la même manière, une quatrième et finalement… une infinité. Il faudra donc revoir les propriétés mathématiques qui s'appuient sur ce postulat puisque la somme des angles d'un triangle ne peut plus faire alors 180°.

Ce cinquième postulat amènera des mathématiciens du XIXe siècle à se poser des questions sur la validité de la géométrie d'Euclide. Ils revendiquèrent l'existence d'autres géométries de l'espace, mais il leur manqua pour trancher définitivement en faveur de l'une ou de l'autre des droites assez longues pour répondre aux exigences du problème. Ils s'y prirent dès lors autrement.

Prenez une sphère et essayez de tracer dessus un réseau de droites perpendiculaires entre elles… c'est impossible ! À l'instar d'un globe terrestre sur lequel on dessine des latitudes et des longitudes, les réseaux de cercles forment entre eux des quadrilatères dont les coins ne sont pas des angles droits.

C'est la notion de courbure. Gauss montrera qu'on peut caractériser entièrement une surface courbe de n'importe quelle dimension sans faire appel au modèle euclidien à partir d'une caractéristique qu'il appellera : « courbure intrinsèque ». (♠)

Les travaux de Lobatchevski aboutirent à une géométrie hyperbolique dont la géométrie d'Euclide est un cas particulier. Partant de la définition d'une droite comme le chemin le plus court reliant deux points, on montre que, sur une surface hyperbolique, il existe une infinité de droites parallèles à une droite D et passant par un point M extérieur à D (voir figure). Dans cet espace à courbure négative, la somme des angles d'un triangle est inférieure à 180°.

Un peu plus tard, Riemann, ancien élève de Gauss, poursuivra les travaux et proposera un espace à courbure positive dans lequel il n'existe pas de parallèle à D passant par M et où la somme des angles d'un triangle est supérieure à 180°. C'est la naissance de la géométrie elliptique.

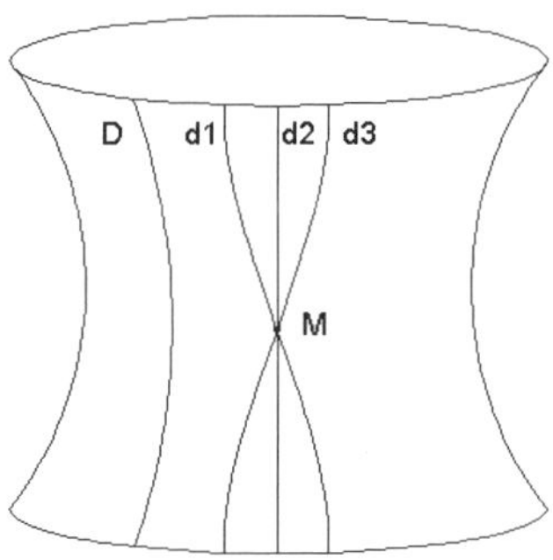

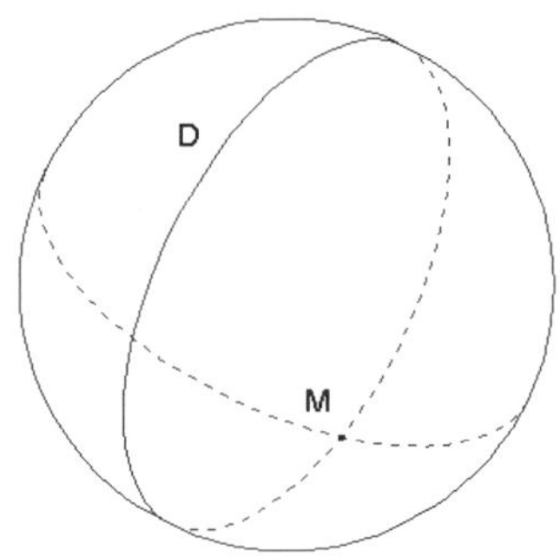

La géométrie non euclidienne servira de cadre mathématique aux travaux d'Einstein sur la relativité.

Un peu d'algèbre

Le paradoxe a toujours été un bel outil pour faire avancer les idées. Ce devait être en tout cas la conviction d'un certain Zénon qui, il y a 2 500 ans, interpella ses amis philosophes et mathématiciens. Il prétendait pour commencer qu'il n'était pas possible de traverser une place. Car il faut d'abord en parcourir la première moitié. Des 50 % restant, il faut à nouveau commencer par les 25 premiers. Quel que soit le chemin restant d'ailleurs, le promeneur devra d'abord en faire la première moitié. Il n'arrivera donc jamais à l'autre côté de la place, car il ne peut faire un nombre infini de choses dans un temps fini.

Son deuxième paradoxe est le plus connu : Achille et la tortue décident de faire la course. Mais comme Achille est fair-play – et sait courir plus vite que la tortue – il lui offre généreusement de prendre le départ loin devant lui. Pour Zénon, Achille commet là une gaffe immense, car jamais il ne rattrapera la tortue. Le temps en effet pour lui d'arriver au point de départ de la tortue, et elle est déjà plus loin. Et ainsi de suite…

Pour confirmer définitivement son statut d'empêcheur de raisonner en rond, Zénon voulut démontrer que le mouvement était impossible ! Prenez, dit-il, l'exemple d'une flèche qui vient de quitter l'arc. Où est-elle ? Quelque part en l'air à un endroit précis bien sûr. D'accord, mais elle ne bouge pas. Car si elle était en mouvement, cela signifierait qu'à un moment donné elle se trouverait à deux endroits différents. Ce qui est bien sûr impossible. CQFD.

Pendant deux mille ans les paradoxes de Zénon resteront sans véritable explication. Il fallut attendre le XVIIe siècle – le grand siècle des mathématiques ? – pour voir des génies immenses à la fois traverser la place, dépasser la tortue et éviter d'être dans l'axe de la flèche.

Ce fut possible grâce à l'algèbre et à l'introduction des lettres – inconnues, variables, constantes – au milieu des chiffres. Le spectacle peut alors commencer. Il est devenu possible non seulement de regarder le monde, mais aussi le mouvement du monde.

Voilà Zénon mis échec et mat par la grande œuvre du XVIIe siècle : l'invention simultanée par Leibniz et Newton du calcul différentiel et intégral devenu indissociable d'une nouvelle discipline : la mécanique.

13. Entrée en fonction

Il y a des schémas tellement simples qu'on a du mal à imaginer qu'un jour quelqu'un en a « inventé » les principes. Quoi de plus banal en effet qu'une courbe qui donne l'évolution de la population mondiale au fil des siècles, ou qu'un graphique qui fait croiser l'offre et la demande d'un bien suivant son prix.

Et pourtant, l'idée même de « fonction » mathématique est née avec Descartes. Grâce à ses coordonnées (appelées évidemment cartésiennes), il a réconcilié la préférence grecque pour la géométrie avec le choix arabe de l'algèbre. La géométrie analytique est ainsi une « bissociation ». Comme dit Arthur Koestler, inventer c'est bien souvent associer pour la première fois deux concepts.

De manière générale, une fonction est une correspondance qui relie une donnée à une autre. La fonction $f(x) = x^2$, par exemple fait correspondre un nombre réel à son carré, x en est l'argument et $f(x)$ l'image. Dans ce cas-ci, la fonction est continue et on peut calculer le carré de n'importe quel nombre. Mais toutes ne sont pas continues ou encore liées aux mathématiques. Même un annuaire téléphonique peut être vu comme une fonction dont l'argument et l'image seraient respectivement le nom et le numéro correspondant.

Pour décrire les phénomènes physiques, les fonctions peuvent également être un outil remarquable. Galilée par exemple s'était attaqué à celle qui permet de calculer le temps que prend un pendule pour faire un aller-retour (sa période).

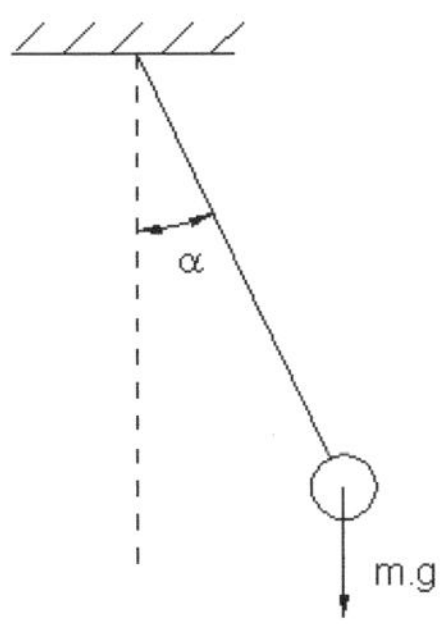

A priori, celle-ci peut dépendre de quatre paramètres : la longueur du fil, la pesanteur, l'angle de départ et la masse. Galilée observa que les deux derniers n'ont pas d'influence et qu'une longueur de fil appropriée pouvait par conséquent être utilisée pour mesurer une seconde.

$$Période = 2\pi\sqrt{\frac{longueur}{g}} \quad (\spadesuit)$$

En réalité il se trompait car, pour que cette théorie soit tout à fait exacte, le mouvement du pendule ne doit pas être une portion de cercle mais une cycloïde. Nous y reviendrons au concept 19.

Pour représenter une fonction, on utilise souvent un repère cartésien, deux axes perpendiculaires gradués représentant l'un les arguments et l'autre les images. La fonction x^2 prend alors l'allure d'une parabole.

Le mouvement du pendule peut y être représenté de différentes manières. L'amplitude des oscillations en fonction du temps ou la vitesse de la masse en fonction de l'angle du fil, forment des courbes aux allures très différentes mais qui décrivent toutes deux le même phénomène.

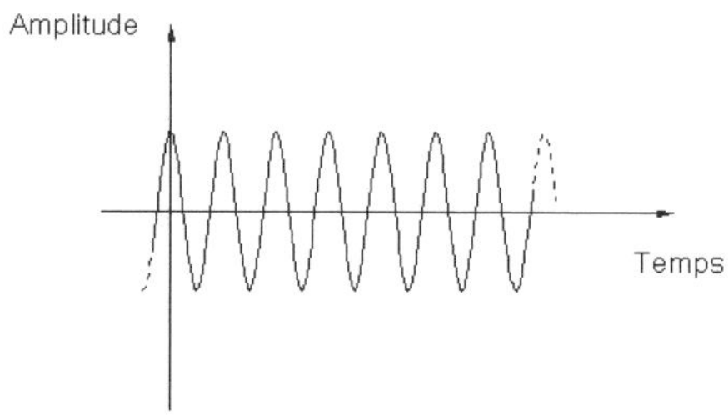

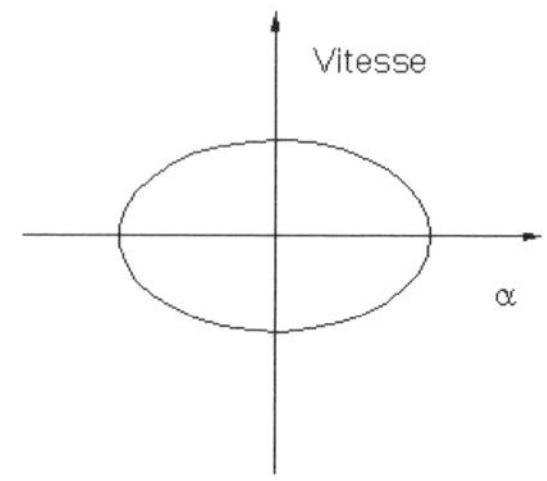

Dans certains cas, le repère cartésien n'est pas le plus approprié.

Prenons par exemple une spirale régulière. Si l'on place cette courbe dans un repère cartésien, il est difficile d'écrire une équation qui fait correspondre une image « y » pour chaque argument « x ».

Si $x = 8$ est le centre, y vaut-il 2, 3, …, 7, 8 ?

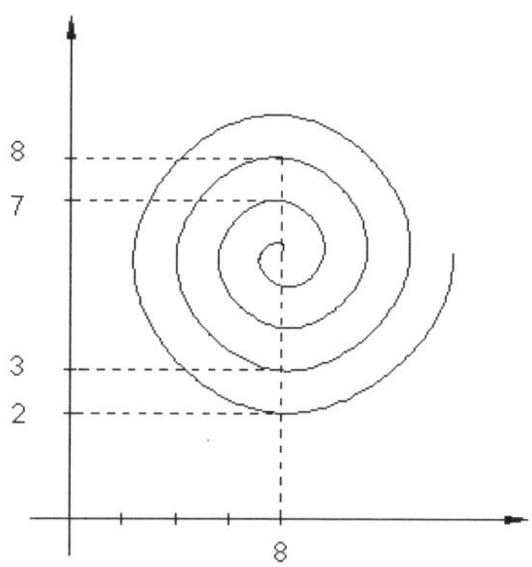

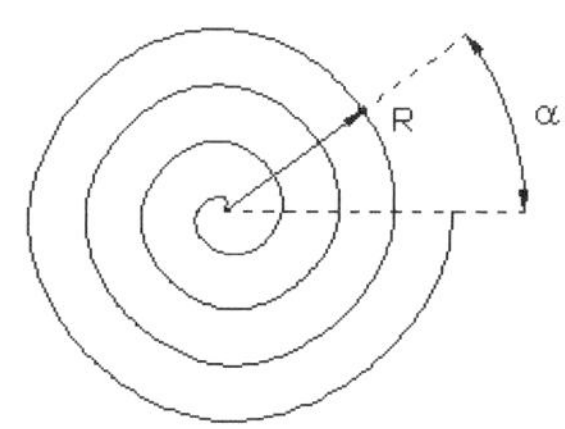

Une solution plus judicieuse consiste à décrire la spirale à l'aide de l'angle qu'elle forme avec l'horizontal et la distance par rapport à son centre. L'expression analytique de la fonction peut alors s'écrire très simplement :

$$R = k \cdot \alpha \quad (\spadesuit)$$

Où k est une constante qui règle l'augmentation du rayon par tour. Et si l'on prend soin de faire la distinction entre 0° et 360°, à chaque argument α correspond bien une seule image R.

14. Dérivons...

Imaginons une courbe qui donne le prix P d'une certaine quantité d'objets, en fonction du nombre x de ces objets à produire. $P = \sqrt{x}$ a une allure qui peut être proche de la réalité, car souvent le prix d'un objet supplémentaire, son coût « marginal », diminue avec la quantité déjà produite.

Dans ce cas, la fabrication de 25 objets coûte 5, celle de 36 coûte 6 et le prix de revient à la pièce est visiblement à la baisse.

Combien coûtera alors le 37e ? La question conduit au calcul infinitésimal et à ses deux composantes : la dérivée et l'intégrale.

Construisons un petit triangle rectangle dont l'hypoténuse est tangente à la courbe. Si 1 est le grand côté de l'angle droit, l'autre est le prix du 37e objet qu'il faudra additionner aux 6 qu'ont coûtés les 36 premiers. Ce petit côté est aussi la tangente (au sens trigonométrique) de l'angle.

Une fonction « dérivée » de la première permet à tout instant de calculer le coût marginal. Dans le cas de $\sqrt{x}$, la dérivée est $\frac{1}{2\sqrt{x}}$. (♠)

Pour $x = 36$, la dérivée $\frac{1}{2\sqrt{36}}$ donne le prix du 37e objet : $\frac{1}{12}$ soit 0,0833.

Le prix total devient alors 6,0833.

L'approche ponctuelle consisterait par contre à calculer $\sqrt{37} = 6{,}0828$.

La légère différence entre ces deux manières de calculer peut se comprendre sur la figure. La première méthode assimile en effet localement la portion de courbe à un petit segment de droite qui lui sert d'hypoténuse, ce qui déforme d'un rien (0,0005) la réalité.

Mais ce petit rien d'inexactitude ouvre en revanche la porte à un domaine particulièrement cher aux mathématiciens. Celui des maxima et des minima, là où la dérivée s'annule… Ce sera l'objet des pages qui suivent.

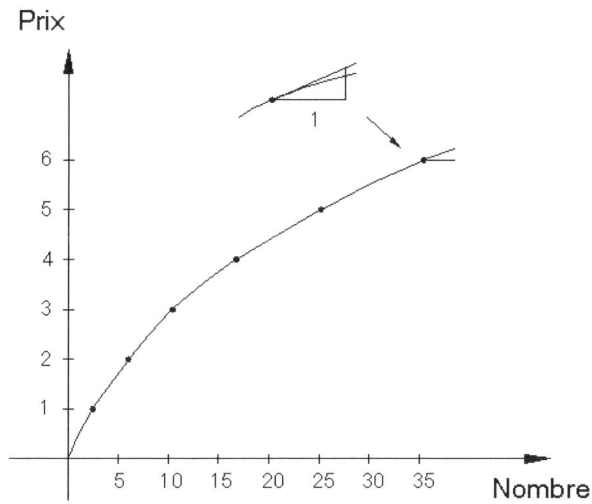

15. … et optimisons

Un campeur décide de se construire une tente conique. Mais il est limité par la quantité de toile à sa disposition et se pose la question suivante :

Comment faire pour avoir le plus grand volume habitable ?

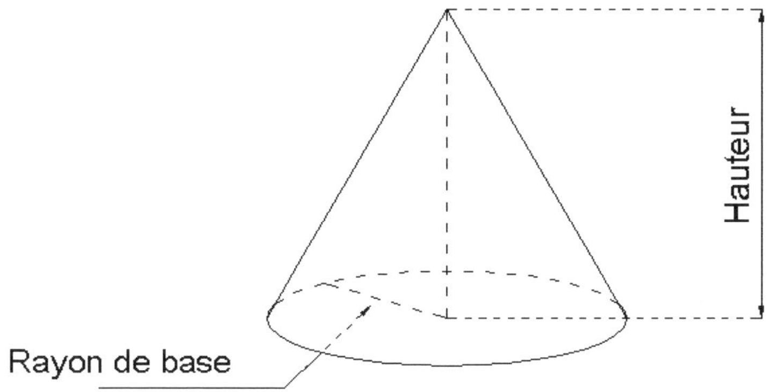

Comme c'est souvent le cas, il y a ici les variables d'entrée, qui sont les éléments sur lesquels on peut agir (le rayon de base ou la hauteur de la tente), le résultat (le volume habitable), un système chargé de faire le lien entre les deux (des fonctions géométriques dans notre cas) et un but à atteindre (le plus grand volume possible).

Parfois la recherche de cet optimum est très élaborée, voire désespérée, comme le calcul du meilleur coup possible dans une partie d'échec.

Mais parfois l'optimum peut être établi.

C'est le cas dans l'exemple choisi car la fonction « volume » possède de toute évidence un maximum, entre les deux situations extrêmes du tipi aplati et du tipi poteau qui auraient consommé toute la toile sans offrir le moindre espace habitable.

Pour trouver l'optimum, il faut procéder en trois étapes :

– trouver la fonction « volume »;
– dériver cette fonction;
– annuler la fonction dérivée.

Le volume du cône est le tiers du cylindre dans lequel il est inscrit :

$$V = \frac{\pi R^2 h}{3}$$

Il y a deux variables R et h mais elles sont liées par la contrainte de la surface S de la toile qui est fixe :

$$S = \pi R \cdot \sqrt{R^2 + h^2} \quad (\spadesuit)$$

Ce qui nous permet d'écrire le volume en fonction de R uniquement :

$$V = \frac{R}{3}\sqrt{S^2 - \pi^2 R^4}$$

Si on dérive V par rapport à R on obtient une relation qui exprime la variation du volume en fonction du rayon, elle s'annule lorsqu'on atteint un maximum car à cet endroit, on passe d'une augmentation à une diminution.

Un calcul un peu élaboré nous apprendra que, dans notre cas, la dérivée s'annule pour :

$$h = \sqrt{2}R \quad (\spadesuit)$$

Et par conséquent, la forme d'une tente conique qui optimise le volume habitable tout en utilisant une quantité de toile donnée existe et est obtenue pour une hauteur égale à son rayon multiplié par $\sqrt{2}$.

16. Tout intégrer

Le calcul différentiel est utilisé quand on étudie localement la variation d'une chose par rapport à une autre. En économie par exemple, on l'applique pour trouver la variation de la demande d'un bien par rapport à son prix, ce que l'on appelle l'élasticité.

Mais bien souvent l'opération inverse est aussi utile; celle qui consiste non plus à isoler l'instant présent, mais plutôt à intégrer le passé. Le calcul « intégral » est donc chargé de faire la somme, pour une période donnée, d'un nombre infiniment grand d'éléments infiniment petits.

Imaginons par exemple le conducteur d'un train équipé pour tout instrument de mesure d'un compteur de vitesse. Comment pourrait-il à tout instant connaître la distance qu'il a parcourue ?

La réponse n'est simple que dans le cas d'une vitesse constante où on peut appliquer alors la formule

$$\text{Distance} = \text{Temps} \cdot \text{Vitesse}$$

Mais dans la réalité la vitesse change tout le temps et la formule exacte devient

$$D = \text{Somme des } (T_i \cdot V_i)$$

où T_i représente le temps pendant lequel le train a roulé à la vitesse V_i.

Prenons un exemple concret. Si un train roule pendant 3 minutes à 90 km/h, il aura parcouru pendant ce temps

$$\frac{270}{60} = 4{,}5 \text{ km}$$

Imaginons alors un autre convoi qui, lui, part de l'arrêt. Combien de kilomètres parcourra-t-il durant les 3 premières minutes ?

Supposons sa vitesse définie par la relation suivante

$$V = 10 \cdot T^2$$

Après 1 minute, il roulera alors à 10 km/h, après 2 à 40 km/h pour atteindre les 90 km/h après 3 minutes.

Le trajet parcouru pendant ce laps de temps sera alors représenté par la somme des petits rectangles $(T_i \cdot V_i)$, c'est-à-dire par la surface hachurée.

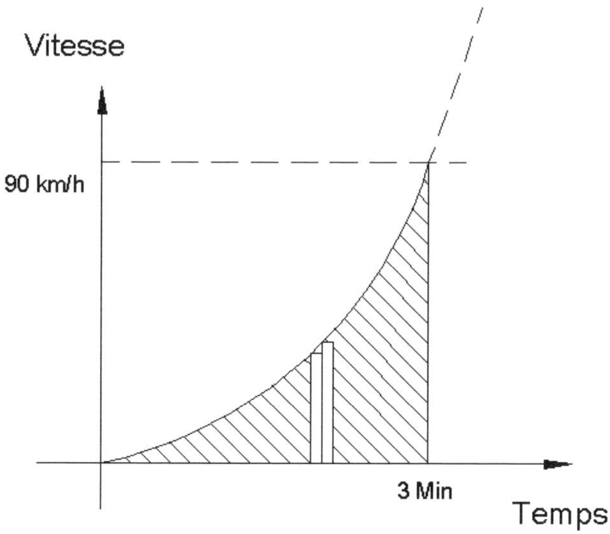

Celle-ci est donnée par l'intégrale de $10 \cdot T^2$

qui est, dans ce cas-ci, égale à

$$10 \cdot \frac{T^3}{3} \quad (\spadesuit)$$

Après 3 minutes, le train aura parcouru

$$\frac{10 \cdot \frac{27}{3}}{60}$$

soit 1,5 kilomètre.

La surface hachurée représente donc le tiers de celle du rectangle dans lequel elle est inscrite, qui représentait lui les 4,5 kilomètres parcourus par le premier train à vitesse constante.

regout@cartoonbase.com

17. Qu'est-ce que la Matrice ?

Prenons un système de deux équations à deux inconnues :

$$\begin{cases} x + 2y = 4 \\ 2x + y = 5 \end{cases}$$

Ce système admet une solution unique, les valeurs de x et y satisfaisant les deux équations sont respectivement 2 et 1. On peut trouver ce résultat en substituant la deuxième équation dans la première $x + 2 \cdot (5 - 2x) = 4$ donc $x = 2$ et $y = 1$.

Avec un système de 10 équations à 10 inconnues c'est déjà beaucoup plus compliqué, l'outil matriciel prend alors tout son sens. Les matrices permettent de reconnaître si un tel système admet des solutions, et si oui, de trouver toutes ces solutions. Utilisons ce canon matriciel pour tuer notre mouche à deux inconnues qui devient alors

$$\underbrace{\begin{pmatrix} 1 & 2 \\ 2 & 1 \end{pmatrix}}_{A} \underbrace{\begin{pmatrix} x \\ y \end{pmatrix}}_{X} = \underbrace{\begin{pmatrix} 4 \\ 5 \end{pmatrix}}_{B}$$

A est une matrice carrée qui reprend les coefficients du système. X et B sont des matrices colonnes, celle des inconnues et celle des termes indépendants. Notre problème de départ se réécrit maintenant $AX = B$.

Si A, X et B étaient des nombres réels, la résolution se ferait en deux étapes : calculer l'inverse de A et le multiplier ensuite par B pour obtenir X.

Le même raisonnement peut être utilisé avec des matrices mais il faut au préalable prendre soin de définir les opérations qui permettent de les manipuler. L'addition de deux matrices de même taille s'effectue en additionnant les éléments de même position.

$$\begin{pmatrix}1 & 2\\ 2 & 1\end{pmatrix}+\begin{pmatrix}1 & 2\\ 3 & 4\end{pmatrix}=\begin{pmatrix}2 & 4\\ 5 & 5\end{pmatrix}$$

La multiplication est un peu plus technique, cela donne par exemple :

$$\begin{pmatrix}1 & 2\\ 2 & 1\end{pmatrix}\cdot\begin{pmatrix}1 & 2\\ 3 & 4\end{pmatrix}=\begin{pmatrix}1\cdot 1+2\cdot 3 & 1\cdot 2+2\cdot 4\\ 2\cdot 1+1\cdot 3 & 2\cdot 2+1\cdot 4\end{pmatrix}=\begin{pmatrix}7 & 10\\ 5 & 8\end{pmatrix}\ (\spadesuit)$$

Voilà déjà de quoi nous faire avancer un peu.

Mais ce qui nous intéresse c'est l'inverse de A, c'est-à-dire une matrice A^{-1} telle que

$$A^{-1}A = \mathrm{I}$$

Comme avec les nombres, I est la matrice unité c'est-à-dire celle qui, multipliée à n'importe quelle autre matrice, la laisse inchangée. Elle s'écrit avec des 1 sur sa diagonale et des 0 partout ailleurs. Dans notre cas :

$$\underbrace{\begin{pmatrix}-1/3 & 2/3\\ 2/3 & -1/3\end{pmatrix}}_{A^{-1}}\underbrace{\begin{pmatrix}1 & 2\\ 2 & 1\end{pmatrix}}_{A}=\underbrace{\begin{pmatrix}1 & 0\\ 0 & 1\end{pmatrix}}_{I}\ (\spadesuit)$$

Trouver la matrice A^{-1} relève très largement du domaine de l'as de pique mais nous pouvons maintenant écrire

$$\begin{pmatrix}x\\ y\end{pmatrix}=\begin{pmatrix}-1/3 & 2/3\\ 2/3 & -1/3\end{pmatrix}\begin{pmatrix}4\\ 5\end{pmatrix}=\begin{pmatrix}2\\ 1\end{pmatrix}$$

et le problème est résolu une deuxième fois, x vaut toujours 2 et y vaut toujours 1 !

Nous reparlerons des matrices au concept 49.

Top modèles

regout@cartoonbase.com

Au commencement était le big bang. Il y a des milliards d'années, une explosion qui défie notre imagination propulse dans l'espace un mélange de matière gazeuse aux caractéristiques incompréhensibles par le commun des mortels.

À la fin est le monde tel que nous le connaissons aujourd'hui. Et pour en prendre un petit coin qui nous est familier, voilà par exemple la Lune qui tourne autour de la Terre, apparemment pour encore un bon moment.

La Lune est donc reliée à notre planète par une force d'attraction qui compense la force centrifuge due à sa vitesse de rotation. Tout ceci paraît à la fois simple et logique. Mais la question principale est ailleurs. Comment se fait-il que plusieurs milliards d'années de réactions physiques et chimiques complexes puissent converger vers des équations mathématiques aussi simples ? Comment d'un chaos original pas vraiment compris en est-on arrivé à quelques modélisations presque faciles à comprendre ?

L'attraction dépend simplement du produit des masses en présence et du carré de la distance. La force centrifuge dépend surtout du carré de la vitesse en mouvement. C'est tellement beau, pourrait-ce être vrai ?

Comment les mathématiques peuvent-elles approcher la réalité de manière aussi fine ?

Ici réside tout le mystère de la modélisation. Et toute la suite du livre lui est consacrée.

18. Éternel dilemme

Deux suspects d'un hold-up sont arrêtés par la police et mis au secret. Les enquêteurs ne disposent pas de preuves irréfutables, ce qui les vexe profondément. Soucieux de respecter leur intégrité d'hommes de loi malgré leur envie de punir lourdement, ils proposent alors aux deux malfrats – séparément – le même marché. S'ils acceptent de dénoncer l'autre, ils seront libérés et l'autre sera condamné à trois ans de prison. Mais, s'ils s'accusent mutuellement, la peine sera pour tous les deux de deux ans. Dans le dernier cas, celui où ils refusent tous deux de collaborer avec la police, la peine ne pourra, faute de charges, excéder un an.

La petite matrice suivante résume la situation. Elle est symétrique et les peines de prison respectives apparaissent entre parenthèses.

		Prisonnier 2	
		refuse	accepte
Prisonnier 1	refuse	(1, 1)	(3, 0)
	accepte	(0, 3)	(2, 2)

Suivant, d'une part, le refus ou l'acceptation d'un prisonnier de collaborer avec la police en dénonçant l'autre, et suivant, d'autre part, l'attitude adoptée par son supposé complice, le verdict peut donc varier pour chacun de l'acquittement immédiat à trois années de prison ferme.

Cette situation célèbre connue sous le nom du « dilemme du prisonnier » est un paradoxe de départ de la théorie des jeux.

Chacun des prisonniers, dans l'impossibilité qu'il est de dialoguer, a, en effet, tout intérêt à collaborer avec la police car, dans les deux cas, il diminue d'un an son séjour en prison. Si l'autre refuse le marché, plutôt qu'être condamné à une année d'emprisonnement, il se voit en effet libéré et si l'autre l'accepte, il fera deux ans au lieu de trois. Mais la recherche unique d'un gain personnel peut être mauvaise conseillère car la somme des deux logiques individuelles et identiques débouchera pour chacun à deux années de prison. Soit le double de ce qu'ils auraient pu avoir en refusant, à deux, le marché proposé par les enquêteurs dont le piège était donc redoutable et particulièrement créatif.

19. Trochoïde toi-même !

Il est peut-être temps d'expliquer le titre du livre ! En effet, une trochoïde n'est pas une sorte de lézard, ni une partie du corps, ni un arbre tropical. Non, la trochoïde est le chemin parcouru par un point situé sur un disque qui roule sur une ligne droite. Il y a deux cas « limites ». S'il s'agit du centre du disque, la trochoïde est alors une droite parallèle à la première. S'il s'agit d'un point sur la circonférence, la courbe est alors appelée cycloïde.

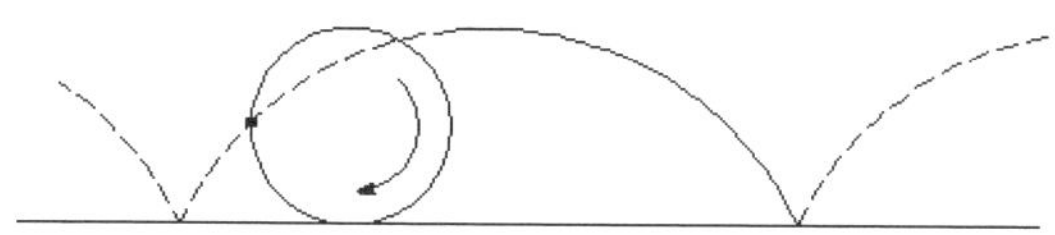

La cycloïde a de nombreuses propriétés, elle est par exemple brachystochrone.

Brachystochrone ? Ce mot pourrait faire penser à un animal préhistorique ou à l'architecture médiévale ou encore à un médicament. Pourtant, si la courbe brachystochrone pose un problème de vocabulaire, elle est en fait la solution d'un vieux problème de physique.

Cette courbe est en effet celle que doit suivre un objet, soumis uniquement à la force de la gravité, pour passer d'un point à un autre en un minimum de temps.

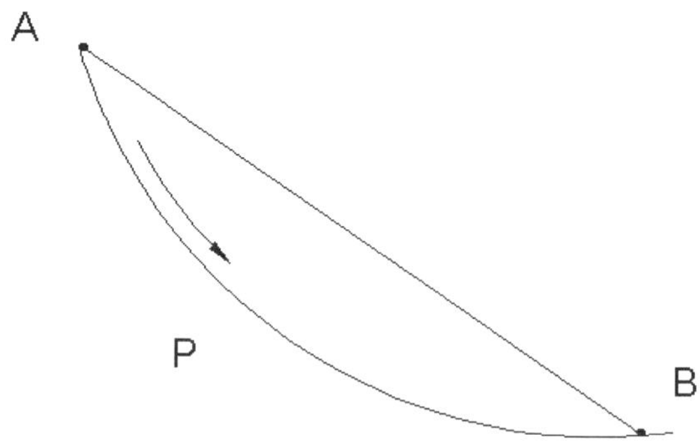

Pour ce faire, il est évident qu'un départ « à la verticale » donne un élan maximum, mais il oblige à contrer la force centrifuge à l'approche du but. À l'autre extrême, un départ à la manière d'un planeur n'est pas non plus très efficace. Le trajet optimal se situe entre les deux. Il est « donné » par une équation du quatrième degré. C'est une portion de cycloïde ! (♠)

Le problème de la courbe brachystochrone défia les mathématiciens pendant près de 2 000 ans. Même Galilée croyait encore qu'un quart de cercle en était la réponse.

Comme souvent en mathématique, la solution d'un problème récompense le chercheur en lui offrant d'autres résultats que pourtant il ne cherchait pas. La courbe brachystochrone, découverte presque simultanément par Newton, L'Hospital et Bernouilli, s'est ainsi révélée être un mécène en idées nouvelles. On peut par exemple démontrer que l'aire sous la cycloïde est le triple de celle du disque qui l'engendre et que sa longueur en égale quatre diamètres. (♠)

Mais les satisfactions ne se limitent pas toujours à l'esthétique.

L'étude de cette courbe permit aussi le véritable début de l'industrie horlogère. Le hollandais Huygens démontra en effet que l'extrémité d'un balancier coincé entre deux cycloïdes décrit également une cycloïde, et surtout que le temps d'une oscillation est alors indépendant de son amplitude.

Ce qui a l'énorme avantage de permettre à quiconque chargé de mesurer le temps de s'affranchir alors des petites perturbations et de pouvoir dire que la courbe brachystochrone est aussi… tautochrone.

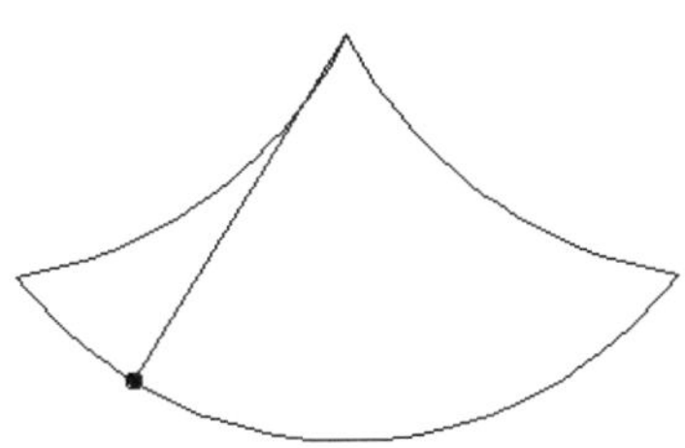

20. Prendre la tangente

Quelques deux cents ans avant Jésus-Christ, les Grecs avaient déjà une idée assez précise de la circonférence du globe terrestre.

Pour la calculer, Érathostène eut en effet l'idée de planter à Alexandrie et à Syène, environ 800 kilomètres plus au sud, deux poteaux parfaitement verticaux. Syène étant sur le tropique du Cancer, une fois par an à midi, le poteau ne provoque pas la moindre ombre. Mais au même moment, à Alexandrie, comme l'ombre est bien visible et qu'il est raisonnable de supposer les rayons du soleil parallèles, Érathostène put évaluer à 7° l'angle formé par ceux-ci et le poteau.

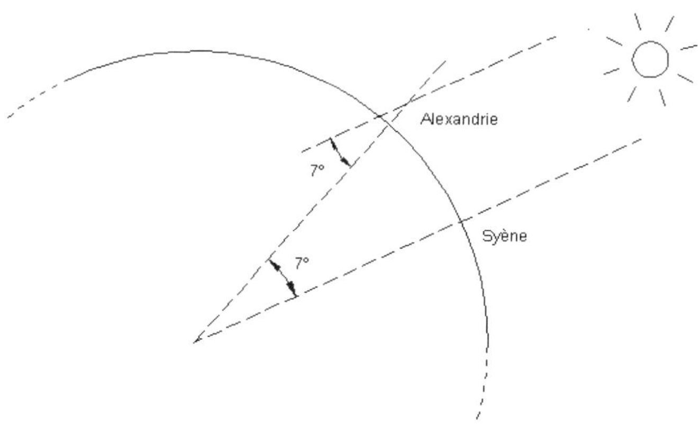

L'angle au centre de la Terre déterminé par les deux poteaux à Syène et à Alexandrie est donc également de 7°. Il correspond à un arc de circonférence terrestre que Érathostène savait être de 800 kilomètres. Il ne lui restait plus alors qu'à résoudre la règle de trois correspondante pour en déduire la longueur du méridien. Cela donnait à peu près

$$\frac{800 \text{ km}}{7°} = \frac{x \text{ km}}{360°}$$

et le $x = 41\,143$ km n'était pas fort éloigné de la réalité.

Les mathématiciens, et plus spécialement les géomètres ou les astronomes, ont souvent affaire à des points inaccessibles. En utilisant le centre de la Terre comme sommet d'un triangle et le Soleil comme point à l'infini, Érathostène a ainsi posé les premiers jalons d'une science nouvelle : la trigonométrie. Dans le cas du calcul de la circonférence terrestre, les calculs sont simples parce que les rayons solaires sont parallèles.

La trigonométrie est basée sur une propriété des triangles semblables. Quelles que soient leurs tailles, le rapport entre deux côtés correspondants reste le même. Dans le cas particulier du triangle rectangle, les trois rapports les plus utilisés ont été baptisés sinus, cosinus et tangente. Ils ont été calculés une fois pour toutes pour tous les angles possibles et rassemblés dans les célèbres tables de trigonométrie.

La tangente est ici un chiffre absolu et n'a rien à voir avec une droite qui ne coupe une courbe qu'en un seul point.

Un exemple éclaire rapidement ce vocabulaire qui évoque peut-être un peu trop le professeur Tournesol.

Imaginons un observateur chargé de mesurer la hauteur d'une tour sur laquelle il est impossible de monter. Équipé d'un théodolite situé à 100 mètres du pied de la tour, il en vise le sommet et mesure un angle de 30°. Il peut en déduire immédiatement que la hauteur demandée est de 58 mètres, car il sait que la tangente de 30° est de 0,58 (♠) et qu'elle a été définie comme le rapport des deux côtés de l'angle droit, le côté opposé à l'angle sur le côté adjacent.

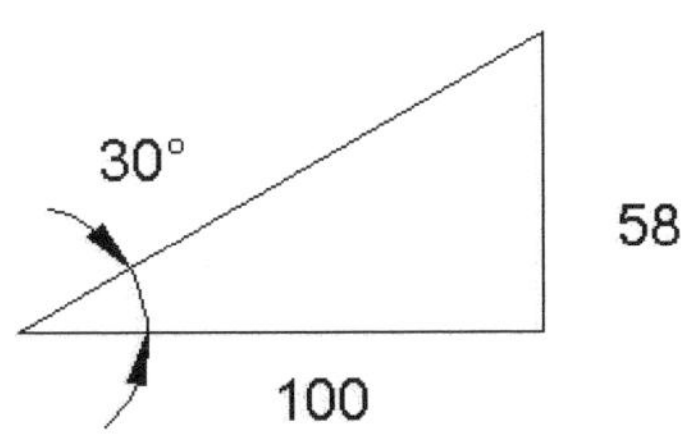

Si l'angle avait été de 45°, un recours aux tables eut été inutile. La valeur de la tangente de 45° étant de 1, la hauteur de la tour devient

$$100 \text{ mètres} \cdot 1 = 100 \text{ mètres}$$

21. Problème de dimensions

À première vue, le problème ci-dessous n'a pas l'air facile. Comment prouver que les trois couples de tangentes communes à trois circonférences quelconques se coupent sur une même ligne droite ?

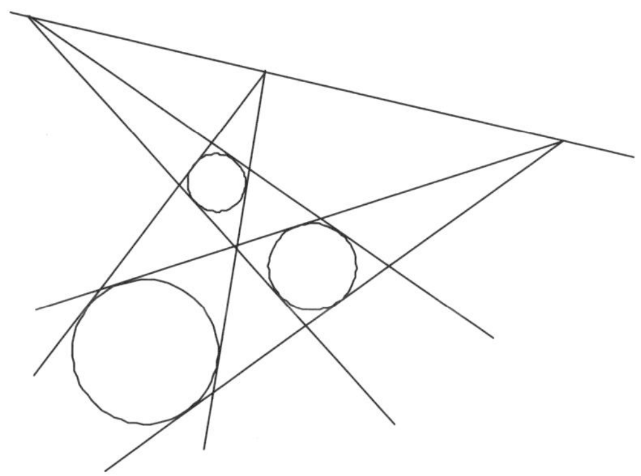

Et pourtant un regard différent en donne une démonstration immédiate ! Il suffit de voir des sphères identiques en perspective. Les tangentes communes sont en effet parallèles et elles se coupent donc sur une même ligne de fuite… (♠)

Passer de deux à trois dimensions semble donc efficace, mais dans la réalité c'est le passage inverse qui serait plutôt la préoccupation. Car depuis que l'homme sait que la Terre est ronde, il sait également qu'il est face à un problème insoluble : une représentation plane de la surface terrestre qui conserverait exactes les distances entre deux points quelconques.

Au cours des siècles, de nombreux géographes ont proposé de nombreuses variantes de cartes du monde. Chaque approximation apportait ses avantages, privilégiait un souhait au détriment d'un autre, plaisant tantôt au savant, tantôt au professeur, ou tantôt à l'artiste. Mais paradoxalement aucune de ces cartes n'était vraiment utile à ceux qui en avaient pourtant le plus besoin : les navigateurs.

À la Renaissance, avec l'envie grandissante des explorateurs d'aller au bout du monde ou même d'en faire le tour, il fallait évidemment répondre à leur demande impérative.

Ce fut un Belge qui écouta enfin l'appel des marins : Gérard Mercator (1512-1594) qui étudia à l'Université catholique de Louvain (comme nous !). Oubliant quelque peu le rêve du géographe et plus concentré sur la demande de l'utilisateur, il comprit que ce n'est pas tant la conservation des distances qui importe mais bien le respect des lignes droites.

Le prix à payer est une dilatation de l'espace d'autant plus grande qu'on se rapproche des pôles (au-delà de 75°, la projection de Mercator n'a d'ailleurs plus aucune utilité. Le Groenland par exemple y équivaut à l'Afrique alors qu'il est quatorze fois plus petit).

Mercator a procédé par tâtonnement, les calculs et les tables furent produits quarante ans plus tard. Sur la Terre CD est plus court que AB situé sur l'équateur, $CD = AB \cos \varphi$. Pour que les méridiens soient verticaux sur la carte, il faut dilater CD d'un facteur $\frac{1}{\cos \varphi}$. (♠)

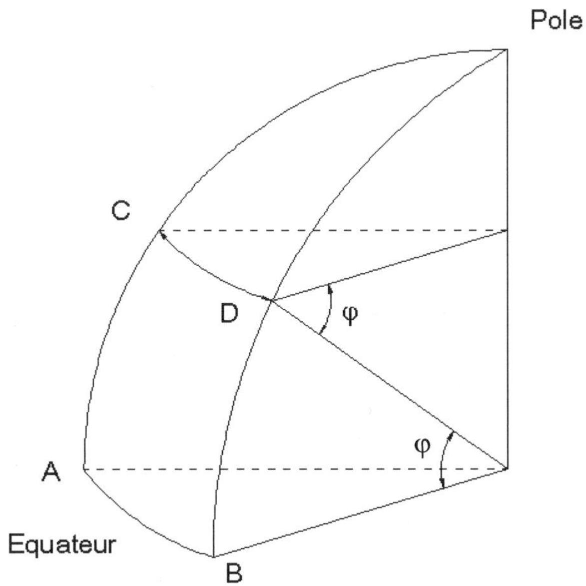

La dilatation des parallèles est compensée par une exagération de la distance à l'équateur. Mais cette double déformation permet de sauver l'essentiel. Sur la carte le Mercator respecte les angles et toute droite tracée sur cette carte est une route à cap constant.

Avec cette nouvelle priorité désormais en tête, il inventa une projection qui porte évidemment son nom et qui nous est aujourd'hui familière.

Comme par hasard !

Un petit test. Imaginez quelqu'un qui, à vingt ans, est étudiant en mathématique et guitariste dans un orchestre de rock. À quarante ans, est-il plus probable qu'il soit devenu informaticien, ou bien informaticien et responsable d'une chorale ? La tentation de pencher pour cette deuxième option est forte, alors que la probabilité de la première est mathématiquement plus grande puisqu'elle contient entièrement la deuxième ! Ah, les miroirs déformants de la réalité des questions.

Une variante de ce même problème pourrait être la suivante : « Y a-t-il plus de mots dont l'antépénultième lettre est un I ou de mots qui se terminent par TION ? » La situation est comparable au problème de l'informaticien puisque l'ensemble des mots de premier type contient entre autres tous les mots qui finissent par… TION !

Un des concepts clés de la théorie est celui de l'espérance mathématique qui est définie simplement : c'est le gain possible lors d'un jeu multiplié par la probabilité d'avoir ce même gain. Si l'espérance mathématique est positive, vous avez intérêt à jouer (et inversement), mais ce concept peut mener à un paradoxe. Lorsqu'une banque vous verse des intérêts x, il faut bien sûr en déduire l'inflation i pour connaître le rendement réel de votre placement. Mais comme d'autre part, un casino ne prélève que 1 / 37 des mises de la roulette (à cause du zéro), si la différence $i - x$ est supérieure à 1 / 37, il vaudrait mieux jouer à la roulette que déposer son argent à la banque !

Alors, les statistiques sont-elles les premières des sciences inexactes, comme le prétendaient les frères Goncourt ? Pas si sûr.

La mathématique des probabilités et des statistiques doit en effet énormément à Pierre Simon de Laplace. Et son essai philosophique sur le sujet, publié cinq fois entre 1815 et 1825 pour un large public, était encore tout empreint du mécanisme newtonien. Pour le savant français, en effet, ses théories étaient destinées à pouvoir corriger les erreurs de mesure et pas du tout à remettre en question les lois parfaitement déterministes de la Nature.

22. Complément aléatoire

Question : quelle est la probabilité d'avoir au moins un six, en six jets de dés ? Six fois une chance sur six ? Non, cela équivaudrait à une probabilité de un, c'est-à-dire la certitude. L'approche doit donc être plus prudente.

En un coup, il y a une chance sur six d'avoir un six, c'est évident. En deux coups, la probabilité d'avoir au moins un six est égale à la somme des probabilités de l'avoir au premier coup $\left(\frac{1}{6}\right)$, et de celle de l'avoir au deuxième $\left(\frac{1}{6}\right)$ dans les cas où on ne l'a pas eu au premier, c'est-à-dire cinq fois sur six. En deux coups, la chance d'avoir au moins un six est donc de

$$\frac{1}{6}+\frac{1}{6}\cdot\frac{5}{6}$$

soit 11 cas sur 36. La méthode reste valable jusqu'au sixième jet de dé, bien sûr, mais les calculs deviennent vite dissuasifs puisque le dénominateur de la fraction est chaque fois la puissance suivante de six.

Et si on regardait le problème autrement ? Les problèmes de mathématiques sont souvent comme des montagnes, et les escaladeurs savent qu'un même sommet peut à la fois avoir une face qui est presque impraticable et une autre face qui est une vraie promenade.

Dans ce problème-ci, l'attaque par un autre versant s'avère être la bonne idée. Il faut retourner la question et chercher la probabilité de **ne pas** avoir de six en six coups de dé. La réponse est quasi instantanée. Cinq chances sur six la première fois, et ainsi de suite six coups d'affilée. La probabilité de ne pas avoir de six est donc de $\left(\frac{5}{6}\right)^6$ … soit 0,335. Celle d'en avoir au moins un, c'est-à-dire la question posée au départ, est alors de 1 – 0,335 soit 0,665. Environ deux chances sur trois.

La théorie de la probabilité est une science difficile. Elle requiert donc encore plus que d'autres le temps du regard multiple, le choix pertinent du meilleur chemin pour une ascension qui économise l'énergie cérébrale.

23. Espèce de petit binôme

Multiplier la somme de deux nombres par elle-même est un exploit, à en juger par l'appellation officielle de l'opération $(a + b)^2$… qui est en effet pour les mathématiciens un produit remarquable. On peut obtenir le résultat graphiquement ou par le calcul : $a^2 + 2ab + b^2$.

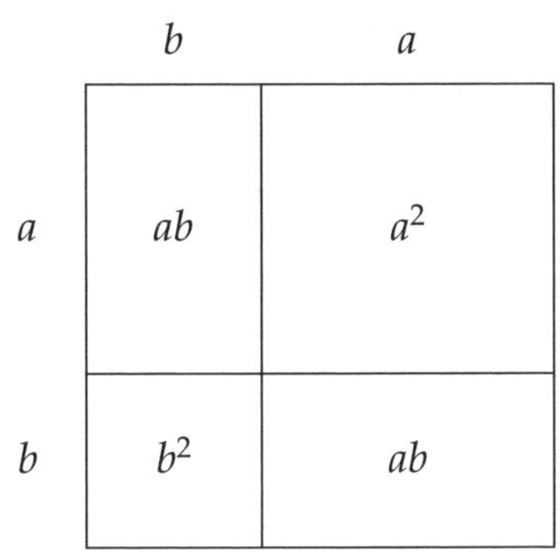

Tout aussi remarquable évidemment est le cube de la somme

$$(a + b)^3 = a^3 + 3a^2b + 3ab^2 + b^3$$

Il est intéressant d'observer alors la suite des coefficients :

1, 2, 1 pour le carré et 1, 3, 3, 1 pour le cube.

La quatrième puissance peut trouver ses coefficients dans le triangle de Pascal, ainsi nommé quoique découvert par les Chinois trois siècles avant lui. Mais comme disait Yves Duteil « Ce n'est pas ce qu'on fait qui compte c'est l'histoire, c'est l'histoire, la manière dont on le raconte pour le faire savoir ! »

$$\begin{array}{ccccccccccc} & & & & & 1 & & & & & \\ & & & & 1 & & 1 & & & & \\ & & & 1 & & 2 & & 1 & & & \\ & & 1 & & 3 & & 3 & & 1 & & \\ & 1 & & 4 & & 6 & & 4 & & 1 & \\ \ldots & & \ldots & & \ldots & & \ldots & & \ldots & & \ldots \end{array}$$

où chaque nombre est égal à la somme des deux qui se trouvent au-dessus de lui.

C'est Isaac Newton qui a poussé le binôme $(a + b)$ jusqu'à la limite, il a contribué fortement au développement de l'analyse combinatoire, ce qui peut être illustré de la manière suivante (nous y reviendrons en parlant des factorielles au concept 28).

Combien y a-t-il de parties possibles dans un ensemble ?

Prenons uniquement les as d'un jeu de cartes. Combien de paires sont-elles possibles ? L'as de cœur et l'as de pique, l'as de cœur et l'as de trèfle, etc. Il y a 6 paires possibles et le chiffre se trouve au milieu de la 5e ligne du triangle de Pascal.

Combien de brelans d'as sont possibles ?

La réponse est également dans le triangle, juste à droite, … ou juste à gauche : 4.

Il y a aussi 4 manières de prendre un seul as et si on ajoute l'option de les prendre tous les quatre et celle de n'en prendre aucun, il y a bien $1 + 4 + 6 + 4 + 1 = 16$ manières de se servir lorsqu'on présente les 4 as.

16 est donc le nombre de parties possibles d'un ensemble de 4 éléments. Il est aussi 2 élevé à la quatrième puissance.

Ceci n'est pas étonnant et peut être généralisé.

Il suffit de faire $a = b = 1$ dans

$$(a + b)^4 = a^4 + 4a^3b + 6a^2b^2 + 4ab^3 + b^4$$

regout@cartoonbase.com

24. Les statistiques sont formelles

La culture a un jour été définie comme ce qui reste du savoir quand on a tout oublié. D'une certaine manière, il en va de même avec les mathématiques, mais là, ce qui reste est souvent bien confus…

Un bon exemple en est certainement la célèbre « loi des grands nombres ». Tantôt dénommée courbe de Gauss, tantôt évoquée sous le nom de loi des 80-20, de Pareto ou encore de courbe en cloche, elle surgit en effet au détour de bien des conversations. Basée pour les uns sur une vague réalité physique qui détermine la distribution de certains phénomènes, elle s'appuie pour les autres sur un théorème mathématique plus ou moins nébuleux de la théorie des probabilités. Cette dernière est donc paradoxalement victime de l'« à peu près » de la pensée, alors que son ambition était de l'analyser le plus finement possible !

Les statistiques sont un terrain idéal pour mettre en évidence nos travers de pensée. Prenons deux exemples :

1. Dans un pays imaginaire, un dictateur convaincu de la supériorité de l'homme sur la femme édicte une loi pour assurer à long terme une prédominance masculine et, par là même, la pérennité de son empire. Le décret est simple : toute famille peut avoir autant d'enfants qu'elle le veut du moment que ce sont des garçons. Autrement dit, à la naissance d'une petite fille, tout couple se voit obligé d'arrêter là sa progéniture. Que faut-il penser d'un tel planning familial ? À première vue, on est tenté de l'approuver car on imagine le pays partagé en deux, des familles de fille unique d'un côté et des familles composées majoritairement de garçons de l'autre. La réponse est pourtant claire, ce planning est totalement inefficace et à n'importe quel instant de son histoire, il y aura 50 % d'hommes et 50 % de femmes !

Prenons un exemple 10 000 couples ont leur premier enfant. Sans surprise, 5 000 petits garçons et 5 000 petites filles voient le jour. Dans les cinq mille familles qui en ont le droit naissent un an plus tard 2 500 petits frères et 2 500 petites sœurs. Les 2 500 familles qui sont autorisées à devenir nombreuses donnent alors naissance à 1 250 enfants de chaque sexe. Les quatrièmes enfants permis seront à nouveau répartis en 625 de chaque, etc.

Une simple addition prouve qu'à tout instant hommes et femmes se retrouvent en nombre égal ! Le dictateur avait perdu de vue une règle de base de ce type de calcul des probabilités : il n'a ni histoire ni mémoire. Quel que soit le passé, quel que soit un règlement ou une procédure édictés a priori en termes de natalité, cela n'a pas la moindre influence sur la probabilité d'une femme qui met un enfant au monde. Une chance sur deux d'avoir un garçon et une chance sur deux d'avoir une fille. Aucun décret ne peut modifier cela et donc la proportion à terme d'hommes et de femmes dans le pays. Combien de fois ne sommes-nous pas victimes de ce genre d'illusions… intellectuelles.

2. On désigne par M la présence d'un garçon et par F la présence d'une fille dans une famille de six enfants, et on les place par ordre d'âge croissant. Une séquence de six lettres (M ou F) désigne alors la composition de la famille.

   Laquelle des deux situations est la plus probable : MMMFFF ou MFFMFM ?

   Vous n'allez certainement plus tomber dans le piège.

La probabilité est évidemment la même. L'hésitation éventuelle peut s'expliquer de la manière suivante : dans le premier cas on VOIT une famille pas tellement courante, dans le deuxième on VOIT un peu la famille nombreuse type et pas la séquence précise d'un garçon suivi de deux filles, puis encore d'un garçon, etc.

« Le hasard est le plus grand romancier du monde; pour être fécond, il n'y a qu'à l'étudier » écrivait Balzac dans l'avant-propos de la *Comédie humaine*. Serait-il étonné de voir qu'aujourd'hui, ce romancier écrit toujours et publie plus que jamais ?

Tueur en série

regout@cartoonbase.com

Créer une suite de nombres totalement au hasard n'est pas chose facile. Pas question bien sûr d'utiliser un ordinateur puisqu'on ne peut l'affranchir de ses circuits logiques. Même manuellement, une série vraiment aléatoire ne peut s'obtenir que dans des circonstances très particulières.

Dans tous les autres cas, une série de nombres contient une logique interne qui relie ses éléments entre eux et qui permet toujours d'en tricoter un suivant. Parfois le lien mathématique est trivial. Pour obtenir un élément supplémentaire à la suite des nombres entiers, il suffit d'ajouter 1 au dernier de la liste. Parfois la logique est beaucoup plus sophistiquée, mais dans tous les cas une tentation irrésistible envahit le mathématicien.

Exactement comme un enfant ne peut s'empêcher de toucher aux boutons d'une machine, les passionnés de calcul ne peuvent voir une série de nombres sans avoir envie d'en faire la somme.

Deux cas sont possibles. La somme des nombres entiers par exemple tend vers l'infini quand on y rajoute indéfiniment des termes. On dit alors de la série qu'elle diverge et elle n'offre que peu d'intérêt.

Dans d'autres cas, la sommation des termes d'une série ne dépasse jamais une certaine limite, aussi loin que l'on pousse le calcul. La série est dite alors convergente vers cette valeur finie, et dans certains cas il est très important de la connaître…

25. Belle progression

Il y a une distance au-delà de laquelle même le regard le plus aiguisé ne peut plus voir. De même, il y a des séries qui, après un certain nombre de termes, ne sont plus accessibles à la pensée. Prenons, par exemple dans l'ensemble des nombres entiers, la somme des inverses de leurs carrés. Ils tendent vers 0 et la somme de leur suite $1 + 1 / 4 + 1 / 9 + 1 / 16 + \ldots$ tend vers $\Pi^2 / 6$ (♠).

Graphiquement cela donne la figure ci-dessous et s'il fallait colorier les blocs, il est évident qu'un crayon suffirait.

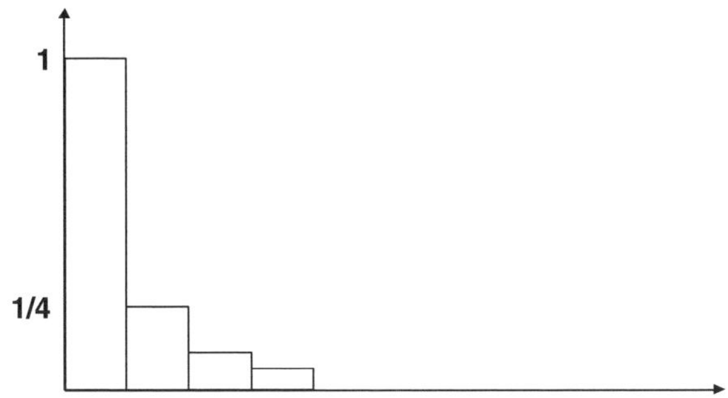

Prenons maintenant un cas plus simple, celui de la suite des inverses des nombres entiers :

1 + 1 / 2 + 1 / 3 + 1 / 4 + … et là aussi représentons graphiquement ce que cela donne.

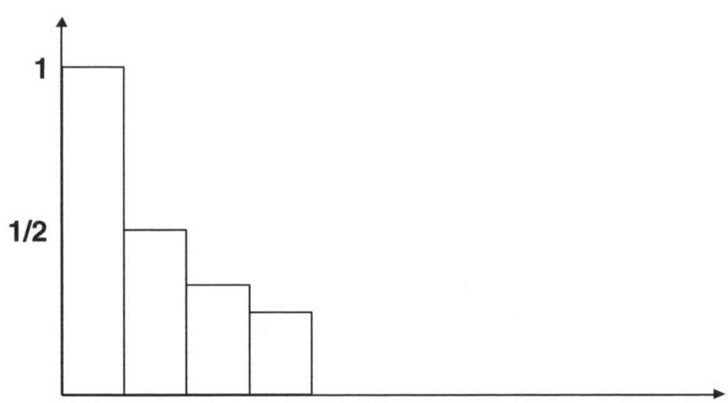

Le coloriage devrait prendre à peine plus de temps… Et bien non… Toutes les boîtes de crayons de couleur de la terre ne suffiraient pas, car la somme tend vers l'infini (♠). Moralité : quand la visibilité est mauvaise, il faut être prudent, sinon on se cogne.

Est-il par exemple plus intéressant de recevoir un capital de 12 millions ou une rente d'un million par an jusqu'à la fin du monde ?

Si la somme des paiements annuels actualisés divergeait, la réponse serait immédiate et l'heureux bénéficiaire assuré d'une richesse infinie.

Mais quel que soit le taux d'inflation, la suite converge. Dans le cas particulier d'une inflation de 10 %, la valeur réelle du premier versement est de $\frac{1 \text{ million}}{1{,}1}$, soit 909 091 euros, celle du deuxième est de $\frac{1 \text{ million}}{(1{,}1)^2}$, soit 826 446 euros.

Chaque terme de la suite est égal au précédent multiplié par $\frac{1}{1{,}1}$. Il s'agit donc d'une progression géométrique.

Or la somme d'une telle série est

$$\frac{1^{\text{er}} \text{ terme}}{1 - \text{facteur de multiplication}} \quad (\spadesuit)$$

Dans ce cas-ci

$$\frac{1\,000\,000}{1 - \frac{1}{1{,}1}} = \frac{1\,000\,000}{0{,}1} \cdot 1{,}1 = 11\,000\,000$$

Un tiens – voilà 12 millions – vaut donc mieux que tu l'auras – ton million – une fois par an, jusqu'à la fin du monde.

26. Les premiers sont les derniers

Depuis que les nombres existent, les hommes essayent d'en déchiffrer les secrets et d'en énumérer les propriétés. Un sous-ensemble des nombres entiers garde ainsi encore aujourd'hui une part de son mystère : ce sont les nombres premiers, comme 17 ou 31, ceux qui ne sont divisibles que par 1 ou par eux-mêmes.

Dans l'Antiquité, Euclide s'était déjà intéressé à ces nombres particuliers. Il a d'ailleurs démontré qu'il en existait une infinité. Son raisonnement est une petite merveille de logique et trouve donc sa place ici, à titre d'exemple d'une approche par l'absurde.

Supposons, dit-il, que N soit le plus grand nombre premier, et qu'il n'en n'existe donc pas une infinité. Construisons alors le produit

$$2 \cdot 3 \cdot 5 \cdot 7 \ldots\ldots\ldots\ldots \cdot N$$

de tous les nombres premiers et baptisons le résultat P.

$(P + 1)$ est alors un nombre entier qui n'est divisible ni par 2, ni par 3, ni par 7 etc. Dans tous les cas, le reste est 1.

Deux possibilités se présentent alors. Ou bien $P + 1$ est divisible par un nombre premier plus grand que N, ou bien $(P + 1)$ est premier.

Dans les deux cas, on en arrive à une contradiction avec l'hypothèse de départ, qui est donc fausse, et il n'existe pas de nombre premier plus grand que tous les autres. CQFD. sans (♠) !

S'il en existe une infinité, il serait alors utile de connaître une formule magique qui les générerait, les uns après les autres.

$$N^2 + N + 41$$

en est une jolie tentative réalisée par Leonhard Euler. Elle donne effectivement

$$43, 47, 53, 61, 71, \text{etc.}$$

pour respectivement

$$N = 1, 2, 3, 4, 5$$

Mais elle s'enraye pour $N = 40$. En effet

$$N^2 + N + 41 = N(N + 1) + 41 = 40 \cdot 41 + 41 = 41^2$$

qui est évidemment divisible par 41.

Aucune machine à fabriquer les nombres premiers n'a jamais pu être construite, mais les mathématiciens ont néanmoins obtenu quelques beaux résultats d'approximation.

Le $x^{\text{ième}}$ nombre premier est ainsi proche de $x \ln x$. (♠)

Pour $x = 1\,000$ par exemple, le 1 000ᵉ nombre premier est 7 919 et $1\,000 \cdot \ln 1\,000 = 6\,908$

L'erreur est de 13 %. Il y a moyen de démontrer, mais c'est très difficile, qu'au plus x est grand au plus $x \ln x$ est une bonne approximation du $x^{\text{ième}}$ nombre premier. (♠)

On attend aussi toujours une démonstration de l'existence d'une infinité de nombres premiers jumeaux, c'est-à-dire impairs et consécutifs comme 17 et 19, ou encore 9 999 929 et 9 999 931.

À cause de l'ordinateur, les nombres premiers ont perdu un peu de leur superbe. Mais pas toute. Comme la décomposition en facteurs d'un produit de deux nombres premiers de plus de 100 chiffres est quasi infaisable même en machine, cette théorie est la base de beaucoup de systèmes de codes secrets pour la transmission de données. Nous y reviendrons.

27. L'algorithme dans la peau

Les chercheurs ont toujours aimé avoir à leur disposition un banc d'essai pour leurs travaux. Ainsi les biologistes ont choisi la cellule *Escherischia coli* comme laboratoire de la vie. Bien qu'elle soit – tout est relatif – simple à analyser, elle permet néanmoins un grand nombre d'expériences et de manipulations pour pousser toujours plus loin les connaissances en génétique.

De même, ceux qui étudient l'intelligence artificielle et les mécanismes de la pensée ont aussi leur problème de prédilection, le célèbre casse-tête du voyageur de commerce. Quoiqu'élémentaire par rapport à la complexité qui peut nous entourer, la question posée constitue déjà un test sérieux pour les chercheurs.

De quoi s'agit-il ? Tout simplement de trouver le trajet le plus court qui relie un certain nombre de villes. On suppose donc le voyageur de commerce travaillant dans un pays où la fiscalité n'encourage pas les kilomètres inutiles. Ce type de problème dispose d'une méthode infaillible pour arriver à la solution, c'est ce qu'on appelle un algorithme. Dans ce cas-ci, l'algorithme est même trivial : il suffit de comparer tous les trajets possibles et de choisir le plus court. Mais, un peu comme dans le cas du jeu d'échecs, le nombre de possibilités croît à une vitesse telle en fonction du nombre de villes que l'algorithme devient vite impraticable, quelle que soit la puissance de l'ordinateur utilisé.

Concrètement, le nombre de trajets possibles pour relier n villes est égal à

$$(n-1)(n-2)(n-3)\ \ldots\ 4.3\ (\spadesuit)$$

Ce qui donne un seul circuit pour trois villes (le sens n'importe pas), trois circuits possibles à travers quatre villes, douze options pour traverser cinq villes, etc. Les chiffres deviennent vite vertigineux suite à l'explosion combinatoire, c'est-à-dire la croissance de plus en plus importante du nombre de combinaisons possibles.

Pour visiter vingt villes, ce qui n'a rien d'extraordinaire, le voyageur de commerce a le choix entre soixante millions de milliards de trajets différents ! Même à l'aide d'un ordinateur qui serait capable de faire un milliard de comparaisons à la seconde, deux années seraient encore nécessaires pour lui donner avec certitude le trajet le plus court et une vingt et unième ville porterait le temps de calcul au-delà de quarante ans !

Une des relations intéressantes au sein des mathématiques est celle qui lie le temps de calcul (ou la complexité) au volume des informations en présence. Cette fonction est croissante, ce qui n'est pas surprenant, mais la vitesse de croissance varie d'un problème à l'autre.

Dans le cas simple d'une addition, le temps de calcul est proportionnel au nombre de chiffres en présence, et la fonction est dite linéaire. À l'autre extrémité, par exemple dans le cas du jeu d'échec, la complexité explose et prévoir systématiquement dix coups d'avance requiert un temps de calcul très long. La fonction est alors dite exponentielle.

Entre ces deux extrêmes, tous les cas se rencontrent, mais une chose apparaît essentielle : face à un même problème, différentes méthodes de calcul existent et certaines sont plus efficaces que d'autres.

Prenons l'exemple du tri d'un ensemble de *N* fiches. Une première technique (A_1) consiste à les prendre une par une jusqu'à la dernière et à les insérer chaque fois au bon endroit. Une autre manière par contre (A_2) consiste à diviser le paquet en paquets plus petits, à les trier ensuite séparément, et à les fusionner enfin un par un.

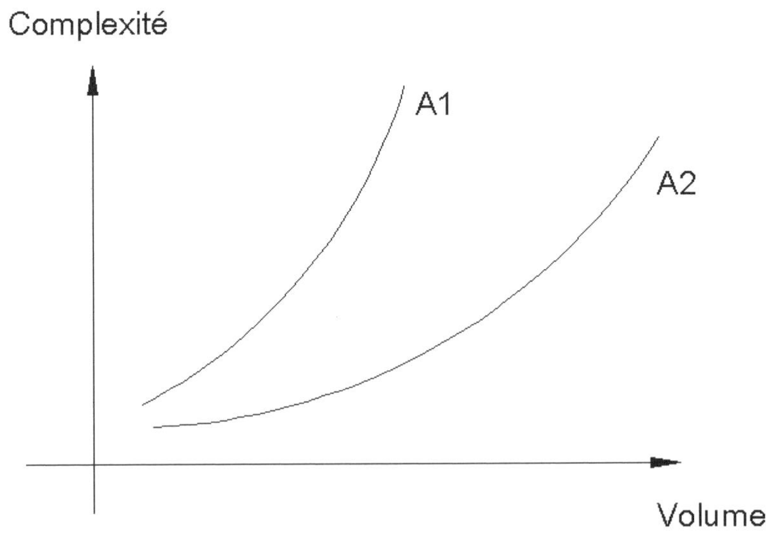

Intuitivement, cette deuxième approche semble plus efficace. Et effectivement les calculs prouvent que sa difficulté est proportionnelle au nombre de fiches en présence multiplié par son logarithme (♠), alors que la difficulté de la première méthode est proportionnelle au carré du nombre de fiches (♠). Dans le cas de 100 cartes par exemple, le temps de calcul peut varier ainsi d'un facteur 20, puisque

$$100^2 = 10\,000 \text{ et } 100 \cdot \ln 100 = 461 \text{ (environ)}$$

Face à un problème, les mathématiciens sont toujours à la recherche de techniques plus efficaces de manière à pouvoir traiter plus d'informations, tout en respectant les mêmes contraintes.

Un très bel exemple sera traité dans le chapitre consacré à la créativité (concept 46).

28. Point d'exclamation

Additionner une suite de nombres entiers consécutifs n'a jamais posé beaucoup de difficultés. La somme des nombres de 1 à 100 peut même se faire mentalement si l'on observe que l'addition de deux éléments équidistants du milieu de la suite donne toujours 101. Cinquante de ces couples sont présents et la somme totale est donc de 5 050.

Multiplier les n premiers nombres consécutifs est une démarche plus surprenante. On écrit d'ailleurs l'opération $n!$. Ce produit très spécial a aussi reçu un nom, on l'appelle « factorielle n ».

11! par exemple est égal à $11 \cdot 10 \cdot 9 \cdot 8 \ldots \cdot 2 \cdot 1$ ce qui fait déjà 39 916 800.

Ces factorielles deviennent vite énormes, ce qui est le cas dès qu'on calcule les permutations possibles d'un ensemble.

Avec 11 joueurs de football par exemple, l'entraîneur chargé d'organiser l'équipe a théoriquement 11 choix possibles pour le gardien de but. À chaque fois, 10 cas restent possibles pour l'avant-centre. Pour chacune de ces 110 combinaisons possibles, neuf titulaires peuvent jouer extérieur droit, etc. Près de 40 millions d'organisations sont donc possibles.

Les factorielles sont la base même de l'analyse combinatoire, c'est-à-dire l'étude de problèmes qui commencent par « Combien y a-t-il de manières de… »

Le nombre de mains possibles au jeu de bridge est ainsi de

$$\frac{52!}{13! \cdot 39!} \quad (\spadesuit)$$

soit un peu plus de 635 milliards de façons de prendre 13 cartes dans un paquet de 52… !

(Le point d'exclamation indique ici l'étonnement et non factorielle 52.)

Un bon usage des factorielles permettrait donc de prévoir l'évolution des coûts de traduction dans les administrations de la Communauté européenne.

Mais les factorielles intriguaient déjà les savants de l'Antiquité. Platon par exemple s'était intéressé à 7! qui est égal à 5 040.

C'était pour lui le nombre idéal d'habitants d'une cité, car il a 59 diviseurs et il permet ainsi une grande quantité d'organisations différentes de la vie en société.

Pour terminer – et les démonstrations ne sont pas nécessaires pour apprécier la concision – voici trois propriétés supplémentaires des factorielles :

– $n!$ peut être approximée par

$$n^n \mathrm{e}^{-n} \sqrt{2\pi n} \quad (\spadesuit)$$

C'est la formule de Stirling qui est d'autant plus belle qu'elle lie les factorielles aux deux géants que sont **e** et π et qu'elle ouvre la porte aux factorielles des nombres fractionnaires.

Factorielle 11 ainsi calculée est égale à environ 39 600 000, ce qui est remarquable.

– e d'ailleurs est égal à

$$1 + \frac{1}{1!} + \frac{1}{2!} + \frac{1}{3!} + \frac{1}{4!} + \dots \quad (\spadesuit)$$

– enfin, et c'est tout à fait inutile de le savoir, on a trouvé en 1964 que

$$40\,585 = 4! + 0! + 5! + 8! + 5!$$

en utilisant la convention $0! = 1$

Machines infernales

S'il a fallu attendre le début du XVIIe siècle pour voir l'éclosion du calcul mécanique, il faut probablement aller en chercher la raison ailleurs. À cette époque encore une distinction fort marquée existait encore entre les « arts libéraux », domaine de la pensée en général et de l'arithmétique en particulier, et les arts mécaniques liés à la construction des machines qui auraient nécessité de la part des intellectuels de se salir un peu les mains.

L'utilisation éventuelle d'un outil pour assister un processus mental était peut-être impensable aux yeux des savants et autres astronomes, qui voyaient dans le calcul une tâche noble, réservée à élite. Cela expliquerait en tout cas que les premiers inventeurs de machines à calculer étaient tous également... des philosophes, mieux à même sans doute de transgresser ce tabou.

D'une certaine manière les appareils arithmétiques se divisent naturellement en deux grands groupes :

– ceux qui fournissent des résultats rigoureusement exacts;
– ceux qui fournissent des résultats approchés.

Les deux approches sont fondamentalement différentes même si elles ont presque depuis toujours coexisté. Du boulier à l'ordinateur en passant par les superbes outils à engrenages et roues dentées que trois siècles d'inventeurs ont construits et sans cesse améliorés, les machines à calcul du premier groupe sont qualifiées aujourd'hui de digitales. Les mots « chiffre » et « doigt » ont d'ailleurs un ancêtre commun et sont tous deux associés à une idée de comptage de précision. Quand une machine digitale présente un résultat, celui-ci est clair, univoque et indiscutable.

Les outils du deuxième groupe par contre, ceux qu'on appelle analogiques, fonctionnent sur la base d'un principe totalement différent.

Ils représentent cette fois un nombre non plus par un symbole mais par une grandeur physique qui le mesure. Ce peut être une longueur comme la distance entre deux traits sur une latte ou encore un angle fait par les deux branches d'un compas.

Les deux groupes de machines à calcul qui se sont développés en parallèle pendant des centaines d'années ont un ancêtre commun, un écossais du nom de John Napier (1550-1617), peut-être plus connu sous le nom de Neper. À la fois philosophe et mathématicien, il continue de plaire aux deux branches de la famille. Pour les amateurs de la pensée digitale il conçut en effet un système de réglettes à chiffres et pour les passionnés de la réflexion analogique par contre, il imagina ses célèbres tables de logarithmes.

29. Bâtons de Napier

Le « bâton » de Napier, de section carrée, n'a qu'une dizaine de centimètres de long. Chacune de ses quatre faces est structurée de la même manière en neuf cases.

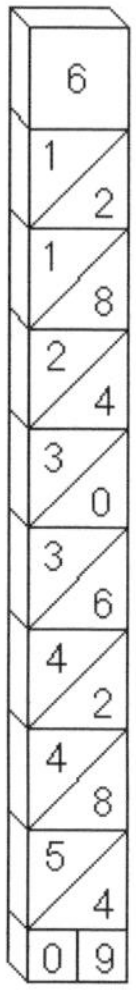

Celle du dessus contient un nombre de 0 à 9, les huit du dessous la table de multiplication correspondante où les deux chiffres sont séparés par une petite diagonale.

<------- bâton de Napier correspondant au chiffre 6

Pour des raisons de facilité d'usage, deux faces opposées d'un même bâton ont des chiffres dont la somme est égale à 9.

L'utilisateur qui désire effectuer une multiplication, par exemple 368 x 7 sélectionne dans sa boîte les bâtons 3, 6 et 8 et les aligne dans leur support de la manière suivante

1	3	6	8	La lecture de
2				la septième ligne,
3				de gauche à droite,
4				permet de trouver
5				2, 1 + 4, 2 + 5 et 6
6				soit 2 576 qui est
7	2 / 1	4 / 2	5 / 6	le résultat demandé.
8				
9				

Des multiplications plus compliquées, et même des divisions et des extractions de racines sont également possibles avec les bâtons de Napier mais elles requièrent quelques opérations manuelles complémentaires…

« Une machine à compter peut former total, produit, quotient, bien mieux que le comptable et sans former aucun nombre véritable, ajoutant et retranchant 1 et encore 1 par l'effet d'une roue dentée, d'un doigt de fer, d'un butoir, d'une vis. »

Dans son livre *Au bonheur des dames*, Émile Zola exprime de cette manière son admiration pour les machines mises à disposition des caissières de grand magasin. De manière plus précise son émerveillement va en fait à une toute petite pièce de métal inventée au début du XVIIe siècle qui marquera une rupture dans l'évolution des machines à calcul : le reporteur.

Mais l'un des inconvénients du reporteur inventé par Blaise Pascal était précisément d'être rappelé par un contrepoids et non par un ressort, il n'était pas lui réversible.

Pour faire une soustraction, pas question donc de faire simplement tourner la pascaline à l'envers.

Avec les mots d'aujourd'hui, on dirait que Pascal contourna cette contrainte de matériel grâce à une subtilité de logiciel !

La méthode qu'il imagina consiste à remplacer la soustraction d'un nombre par l'addition de son complément. Cela revient effectivement au même comme en témoigne l'exemple suivant.

Soit à soustraire 395 de 7 296 sur une machine dont le cadran présente six chiffres utiles. Le complément de 395 est 999 605 (1 000 000 – 395).

Et 999 605 + 7 296 = (1) 006 901, ce qui donne bien le résultat de la soustraction puisque le premier des sept chiffres n'est pas visible !

30. Pour faire la différence

Pendant pratiquement deux siècles, les seules machines à calculer vraiment utiles ne pouvaient faire que deux opérations fondamentales : l'addition et la soustraction. Des roues dentées assemblées un peu comme à l'intérieur d'une horloge permettaient d'empiler les nombres en reproduisant mécaniquement la façon mentale d'additionner ou de soustraire.

Mais une opération aussi simple que le calcul du cube d'un nombre entier exigeait déjà un très long temps de machine. Pour contourner l'obstacle, un mathématicien anglais, Charles Babbage, eut une idée géniale.

Il construisit une table des différences qui, dans le cas de la troisième puissance, donnait ceci :

x	x^3	1re différence	2e différence	3e différence
0	0			
		1		constante
1	1		6	
		7		6
2	8		12	
		19		6
3	27		18	
		37		6
4	64		24	
		61		
5	125			

Il remarque alors que la 3e différence était constante ! (De manière générale pour la nième puissance, c'est la ne différence qui est constante.) (♠)

Cette constatation lui permettait alors de remplacer l'élévation d'un nombre au cube par trois additions simples et de construire pas à pas la table de cette puissance.

Dans ce cas-ci – admettons la table complète jusque 4^3 –, et comme on sait que la troisième différence est égale à 6, on trouve successivement :

- la deuxième différence $18 + 6 = 24$
- la première différence $37 + 24 = 61$
- et le cube de 5 $64 + 61 = 125$

Sur la base de cette observation, Charles Babbage mit en chantier en 1833 ce qu'il appela à juste titre son « moteur différentiel », précurseur d'un plus ambitieux encore « moteur analytique ».

Cette machine fut achevée en… 1991 pour le 200e anniversaire de son inventeur. Elle est exposée au Musée des Sciences de Londres en hommage à celui qui reste considéré aujourd'hui comme l'un des pionniers de l'informatique.

Car au-delà de ce qu'on pourrait appeler le premier ordinateur, il a surtout ouvert la voie de l'analyse numérique, la branche des mathématiques qui traduit les calculs les plus compliqués en opérations mathématiques les plus simples.

Exactement ce dont l'informatique ne peut se passer.

31. À la base du logarithme

Quand Kepler a publié ses trois lois sur le mouvement des planètes, il a certainement lancé l'astronomie mathématique mais il a également lancé un grand défi pour les mathématiciens.

Faire abandonner aux astres leur trajectoire circulaire au profit d'une autre, elliptique, a été le résultat d'un saut créatif majeur pour le savant. Mais sa troisième loi liait quand même le temps de révolution des planètes à la racine carrée du cube des demi-grands axes de leurs orbites… !

C'est de cette époque que date sans doute l'expression « calcul astronomique ». Mais c'est de cette époque aussi que date l'invention qui a rendu ces calculs possibles : le logarithme.

Si on se place dans un système décimal, le logarithme d'un nombre est par définition l'exposant auquel il faut élever 10 pour retrouver ce nombre.

$$\log(1\,000) = 3 \quad \text{puisque } 10^3 = 1\,000$$

10 est alors appelé base du système. Lorsqu'on choisit comme base le nombre **e**, on parle alors des logarithmes népériens que l'on écrit ln. ln **e** est donc égal à 1.

Mais dans tous les cas, une des propriétés remarquables du système est de descendre d'un cran les difficultés du calcul. Par exemple, une multiplication peut se transformer en addition car

1 000 000 000 = 1 000 · 1 000 000

mais log (1 milliard) = log (mille) + log (1 million)

ou 9 = 3 + 6

L'utilisation de tables de logarithmes établies une fois pour toutes a ainsi permis à des générations de savants de faire des calculs auparavant inhumains. Mais la fonction logarithme a connu aussi des développements que personne n'aurait pu prévoir initialement. On la retrouve par exemple au cœur des équations les plus importantes de la chimie ou de la physique.

Les échelles logarithmiques également se sont généralisées pour les mêmes raisons d'efficacité. Celle de Richter par exemple est mondialement utilisée pour mesurer la force des tremblements de terre. Mais le danger est d'oublier son principe de base. Une secousse d'intensité 7 n'est pas 15 % plus violente qu'une autre d'intensité 6, elle est en fait 10 fois plus terrible.

L'utilisation des logarithmes est la base même des célèbres règles à calcul. Multiplier 2 par 3 se fait en additionnant leurs logarithmes. Et l'addition des logarithmes se fait en faisant coulisser la réglette centrale de la règle…

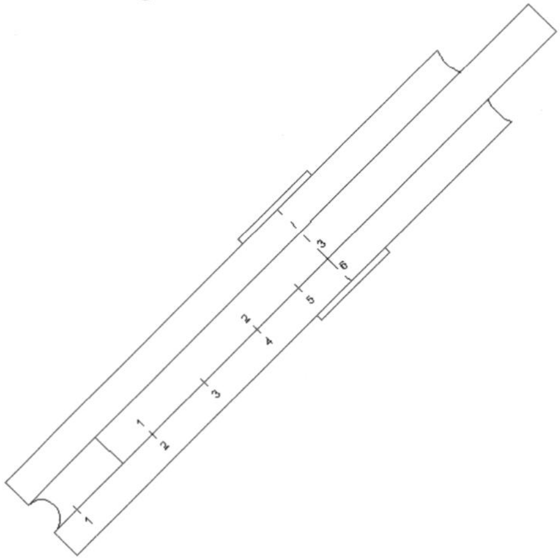

32. Machine de Turing

Prenons l'opération suivante : 3 + 2. Pas trop compliqué. On peut le faire mentalement sans trop d'effort, ou éventuellement en comptant sur ses doigts, un jour de grande fatigue.

Mais pourquoi faire simple quand il y a moyen de faire plus compliqué ? C'est sans doute ce que s'est dit Alan Turing au milieu du XXe siècle. Pour le mathématicien anglais, en effet, s'il peut être amusant de calculer, le vrai plaisir c'est de se poser la question de la calculabilité. Autrement dit, si additionner 3 et 2 peut apporter une information, Alan Turing voulut comprendre ce qu'est l'acte même de calculer. Trouver une méthode générale pour savoir, par exemple, si un calcul va aboutir, ou ce qu'on peut logiquement et formellement dire du résultat.

Pour ce faire, il examine le calcul à la fois au microscope et au macroscope. Simultanément, il le décompose en particules élémentaires mais il le regarde de très haut pour comprendre sa place sans l'acte de penser en général.

C'est le regard d'en bas qui nous intéresse ici car il fait d'Alan Turing un des autres fondateurs de l'informatique. Il imagine, en effet, une « machine logique » capable de faire tous les calculs ! À la fois universelle et virtuelle, cette machine n'existe pas et ne pourrait même pas exister. Elle est une « expérience de pensée » qui s'est avérée prodigieusement féconde. Car, si elle permet de calculer, on peut surtout la regarder calculer. Et c'est ça qui passionnait Alan Turing.

Puisque le problème qui nous occupe est d'additionner 3 et 2, construisons ensemble un modèle bas de gamme, sans aucune option. Imaginons que l'information donnée à la machine se trouve sur une bande de papier de longueur infinie et qu'elle soit constituée uniquement de « un » et de « zéro ». Les données relatives à notre addition apparaîtront donc de la manière suivante :

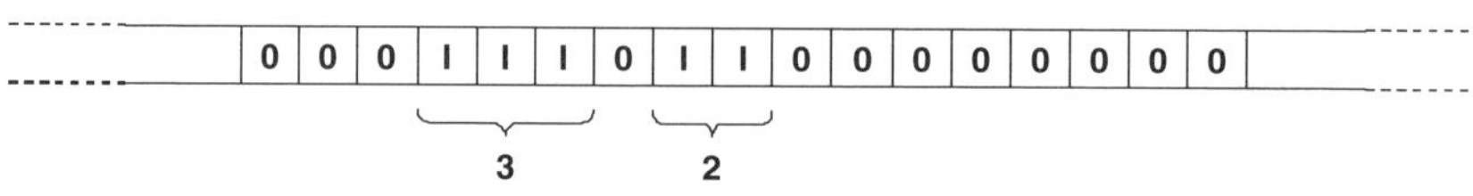

La machine sera alors équipée d'une « tête de lecture » capable de lire un caractère, éventuellement de le modifier et ensuite de se déplacer vers la gauche ou la droite.

L'état de la machine à un moment donné ne dépend que de deux choses : l'état de la machine au moment précédent, et le caractère inscrit dans la case en face de laquelle elle se trouve (on peut donc construire un petit tableau).

Pour son bon fonctionnement, il nous faut donc prévoir ce qu'elle doit faire dans tous les cas possibles (état précédent + caractère). Cette liste est un « programme » d'action, elle est l'ancêtre commun à tous les logiciels du monde.

Cette action peut être triple. Elle remplace éventuellement le caractère existant, précise l'état suivant et précise si nécessaire le déplacement à droite (D) ou à gauche (G). Chaque case du tableau comprendra donc trois informations.

Regardons ce que cela donne ici, voyons comment programmer la machine pour qu'elle s'arrête après avoir laissé sur la bande de papier le résultat de l'addition, c'est-à-dire, une suite de cinq « un » consécutifs. Cela donne ceci :

		Caractère lu	
		0	**1**
Début : E_1	La tête de lecture vient de la gauche et cherche son premier 1. Elle le change en 0 et se met dans l'état E_2	0, E_1, D	0, E_2, D
E_2	La tête de lecture se déplace vers la droite sans rien faire tant qu'elle lit des 1, transforme le premier zéro venu en 1 et se met dans l'état E_3	1, E_3, D	1, E_2, D
E_3	Arrêt de la machine	STOP	STOP

Alan Turing eut une vie très contrastée. Considéré comme un héros national en Angleterre pour avoir décrypté les codes secrets utilisés par les Nazis, il fut après la guerre condamné pour homosexualité à la castration chimique. Il mit fin à ses jours en croquant une pomme qu'il avait empoisonnée. C'est paraît-il l'origine du logo d'Apple Computer.

Mordu d'informatique

regout@cartoonbase.com

Selon le chercheur français Alain Connes, titulaire de la médaille Fields, qui équivaut à un prix Nobel pour les mathématiciens, il existe trois niveaux distincts dans l'activité mathématique :

– le premier correspond aux capacités des ordinateurs actuels : des mécanismes préétablis y permettent de donner une réponse précise à un problème de type donné. Mais les limitations sont grandes, car il n'y a pas d'interaction entre le système et les calculs qu'il fait ;

– le deuxième niveau surmonte cet obstacle. Il permet par exemple de comparer deux méthodes différentes pour un même problème, ou encore, par un mécanisme de ré-entrée, d'évaluer, de porter un jugement et donc d'améliorer une pratique ou une stratégie en cours. Ce deuxième niveau échappe aujourd'hui en grande partie aux possibilités de l'informatique, même si le fil de la pensée n'y est pourtant jamais perdu ;

– cette continuité dans la réflexion n'est plus présente au troisième niveau car c'est celui de l'illumination soudaine, de la synthèse magique, de la bifurcation étonnante ou du changement de cadre. Après avoir, aux niveaux inférieurs, cherché de nouvelles réponses, le mathématicien pose plutôt ici de nouvelles questions. Et alors, parfois, « au-delà du plaisir ressenti, il a l'impression tout à coup qu'un brouillard se lève brutalement ».

De ses discussions avec le biologiste Jean-Pierre Changeux, naît même chez Alain Connes l'idée d'un « darwinisme mathématique », un mécanisme qui sélectionnerait naturellement les concepts plus porteurs au détriment des intuitions plus faibles. Ce qui répondrait alors à la question immédiate de la transition d'un niveau à un autre.

Ces différents niveaux apparaissent très vite, dès qu'on décompose un raisonnement. Supposons un axe de machines imaginaires qui aurait à une extrémité une puissance de calcul maximale mais de mémorisation nulle, et à l'autre extrémité exactement l'inverse, c'est-à-dire une possibilité infinie de mémoriser mais l'impossibilité totale de calculer.

Il faut sortir de l'axe pour pouvoir juger de la meilleure manière de s'y situer.

L'arithmétique pourrait se situer à peu près n'importe où sur cet axe. Une multiplication, par exemple, peut aussi bien se faire en ayant étudié le mécanisme qu'en ayant appris par cœur toutes les tables. Si les deux chemins conduisent à la réponse, il n'en reste pas moins évident qu'il existe, pour un problème donné, un compromis précis qui utilise de manière optimale tout à la fois les possibilités du calcul et celles de la mémoire.

Les calculateurs prodiges exhibés périodiquement semblent approcher ainsi de la perfection, tout du moins pour le type de question qui leur est posé. Ils connaissent d'un côté tous les trucs de calcul mental rapide mais, d'un autre, ils apprennent par cœur notamment toutes les décompositions en nombres premiers. Ils ont sur la calculatrice du premier niveau, l'avantage du méta-regard qui leur a permis de sortir de l'axe, et de trouver la combinaison optimale entre l'effort de calcul et l'effort de mémorisation.

Les trois niveaux définis par Alain Connes font penser respectivement à l'ordinateur, au cerveau gauche et au cerveau droit, trois niveaux qui se parcourent en fait toujours en sens inverse.

33. Prélibinaire

Le mathématicien anglais George Boole a développé au XIXe siècle l'idée du système binaire comme méthode d'un calcul universel. Sa théorie n'a pourtant prouvé son utilité qu'un siècle plus tard avec l'avènement de l'ordinateur. Comme quoi, il est parfois utile de trouver sans savoir ce que l'on cherche.

En fait, calculer en mode binaire est la chose la plus simple qui soit, puisque seuls deux chiffres sont disponibles, le 0 et le 1. Dès que l'on arrive à 2, il faut déjà passer à autre chose, à la combinaison la plus petite des deux chiffres de base,

donc	2 = 10 en binaire
3 ne pose aucun problème	3 = 10 + 1 = 11
4 nécessite l'utilisation d'un troisième chiffre	4 = 100
et dans la logique (binaire)	5 = 101
	6 = 110
	7 = 111
	8 = 1 000 etc.

Passons maintenant aux mécanismes de conversion

– *Du système décimal au système binaire* : il faut décomposer le nombre décimal en une somme de puissances de 2 (ce qui est, rassurez-vous, toujours possible). (♠)

Exemple : $43 = 32 + 8 + 2 + 1$

$$= 2^5 + 2^3 + 2^1 + 2^0$$

$$= \mathbf{1}\ \ 2^5 + \mathbf{0}\ \ 2^4 + 1\ \ 2^3 + \mathbf{0}\ \ 2^2 + \mathbf{1}\ \ 2^1 + \mathbf{1} \cdot 2^0 = 101\,011$$

– *Du système binaire au système décimal* : il faut parcourir le chemin en sens inverse.

Exemple : $10\,101 = \mathbf{1}\ \ 2^4 + \mathbf{0}\ \ 2^3 + \mathbf{1}\ \ 2^2 + \mathbf{0}\ \ 2^1 + \mathbf{1}\ \ 2^0$

$$= 1\ \ 16 + 0\ \ 8 + 1\ \ 4 + 0\ \ 2 + 1\ \ 1 = 21$$

Le rôle du 2 dans le système binaire apparaît clairement, même si paradoxalement ce chiffre n'y existe pas. Et comme c'est la plus petite base possible, l'arithmétique binaire a des particularités intéressantes. On peut par exemple prouver que, pour additionner un nombre binaire à lui-même, il suffit de rajouter un 0 à sa droite.

Exemple : 110 + 110 = 1 100 en binaire

6 + 6 = 12 en décimal

Si vous n'en trouvez pas la raison, examinez en système décimal ce qu'il advient d'un nombre quand vous le multipliez par dix…

34. Les Infoducs

Le développement des mathématiques est intimement lié au vieux souhait des scientifiques de modéliser les systèmes. Chaque nouveau domaine de la physique se voit ainsi d'abord attribuer une unité de mesure, comme par exemple la calorie en thermodynamique.

Les savants se mettent ensuite à l'ouvrage pour trouver des équations suffisamment précises pour coller à la réalité, mais suffisamment simples pour pouvoir être utilisées. Un chef-d'œuvre de ce type de compromis est sans aucun doute le système des équations de Maxwell en électromagnétisme.

Dans les années cinquante, l'apparition de l'électronique et de l'informatique a suivi un schéma analogue. L'« information », la nouvelle ressource, s'est vue mesurée en bits. Le mot bit est bien choisi, à la fois jeu de mot puisque « *a little bit* » veut dire un petit peu, bit est aussi une contraction de *binary digit* et symbole ne pouvant prendre que les valeurs 0 et 1. Le choix du bit s'est imposé car c'est la plus petite quantité d'information possible. (♠)

Dans un deuxième temps, Claude E. Shannon, un chercheur américain, a lancé les premiers concepts d'une théorie mathématique de l'information et de la communication, basée sur quelques idées accessibles à tous.

La mesure d'une information est inversement proportionnelle à sa probabilité. Si on jette par exemple successivement en l'air une pièce de monnaie et un dé, l'annonce d'un « pile » contient moins d'information que celle d'un « cinq », la probabilité étant d'une chance sur deux dans le premier cas, d'une chance sur six dans le deuxième.

Considérons maintenant les deux lancers comme une seule expérience. D'une part la probabilité d'un couple donné, par exemple « face, quatre », est de $\frac{1}{12}$, mais d'autre part l'annonce du résultat ne contient pas plus d'information que lors de deux expériences séparées.

La mesure de l'information doit donc satisfaire à une relation exigeante de type

$$f\left(\frac{1}{2}\right)+f\left(\frac{1}{6}\right)=f\left(\frac{1}{2}\cdot\frac{1}{6}\right)$$

et f ne peut donc être qu'une fonction de type logarithme qui a été définie comme telle (concept 31).

Ceci peut apparaître un peu compliqué mais correspond néanmoins à une intuition.

La quantité d'information d'un message n'est pas proportionnelle à la longueur de ce message. Pour transmettre mille nombres de quatre chiffres pris au hasard, il n'y a pas d'autres manières que de les communiquer un à un. Mais pour transmettre les nombres compris entre 2 001 et 3 000 – c'est-à-dire une quantité identique –, il suffit de donner le premier et la logique qui les relie tous ensemble.

Examinons le 300e nombre transmis. Dans le 1er cas 10 000 nombres sont possibles, la probabilité d'en avoir un bien précis est très faible et l'information fournie par son annonce en est d'autant plus grande.

Dans le second cas, le nombre transmis est obligatoirement 2 300. C'est une certitude et la probabilité de l'avoir est donc de 1. Mais le logarithme de 1 est zéro et l'information transmise est donc nulle.

Le modèle de Shannon est vérifié et la quantité d'information du deuxième envoi est moindre, alors que le volume transmis est identique.

La complexité d'une suite d'informations peut alors être définie comme la plus petite de toutes les suites qui contient la même information.

35. Fractal

Quoi de plus éloigné de la nature que la géométrie d'Euclide ? À part la Lune et quelques cristaux, les formes régulières sont pratiquement absentes des paysages.

Les sciences naturelles connaissent peu les parallélépipèdes rectangles et autres triangles isocèles et l'inadéquation entre le modèle mathématique et la réalité peut expliquer des convictions parfois étonnantes. Ainsi les navigateurs de l'Antiquité croyaient la Sardaigne plus grande que la Sicile simplement parce qu'ils mettaient plus de temps pour en faire le tour…

Il y a certes peu d'ellipses et de cubes dans la nature, mais il faut néanmoins accepter la présence d'un autre type de géométrie dans une pomme de pin, dans la queue d'un lézard ou encore dans un banc de corail.

Et même là où il n'y a pas de symétrie apparente, est-on vraiment dans le domaine du pur hasard ? Le profil d'une chaîne de montagne ou la ligne brisée d'un éclair qui déchire le ciel ne recèlent-ils par eux aussi une logique mathématique, fût-t-elle inhabituelle ?

Un chercheur d'IBM, Benoît Mandelbrot, a voulu en savoir plus. Il a d'abord observé la présence dans la nature d'un grand nombre d'objets « self-similaires », c'est-à-dire qui offrent des similitudes, quelle que soit l'échelle à laquelle on les regarde. La centième partie d'un flocon de neige agrandie cent fois continue à ressembler à un flocon de neige et un mètre de côte rocheuse peut en photo facilement être confondu avec un ou cent kilomètres de la même côte.

C'est également le cas avec la figure ci-dessous.

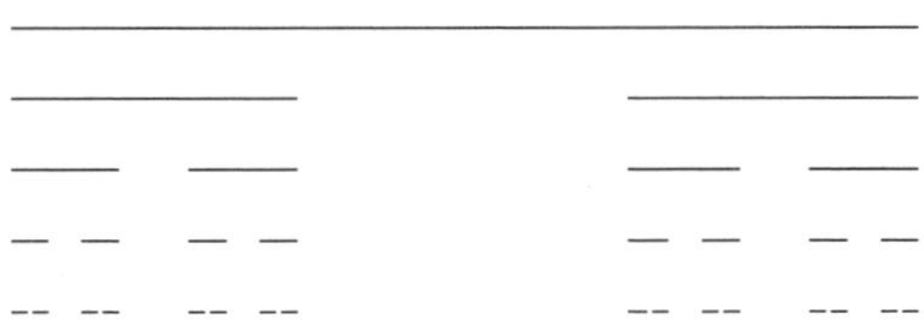

Il s'est ensuite posé la question de la « dimension » de certains objets.

Le contour du Grand Canyon – qui ressemble d'ailleurs à une surface de silicium observée à l'aide d'un microscope extrêmement puissant – est par exemple une longueur qui peut tendre vers l'infini si l'on veut additionner les moindres coins et recoins. Mais ce périmètre entoure une superficie indiscutablement finie.

La propriété d'être à la fois plus qu'une courbe et moins qu'un plan a amené Benoît Mandelbrot à créer la dimension « fractale » qui, contrairement aux dimensions habituelles (un pour la courbe et deux pour le plan), n'est plus ici un nombre entier. Cette deuxième propriété des objets self-similaires a été le point de départ de sa nouvelle réflexion mathématique.

Il y a en effet des analogies étonnantes. Nous avons vu en parlant de « convergence » qu'une suite infinie de nombres peut très bien être égale à un nombre fini.

Par exemple : $\frac{1}{2} + \frac{1}{4} + \frac{1}{8} + \frac{1}{16} + \ldots\ldots\ldots\ldots = 1$

Alors dans la nature tout serait-il quand même « calcul », et Pythagore avait-il donc finalement raison quand il prétendait que les nombres représentaient la forme la plus pure et la plus élevée de la réalité ?

Le saura-t-on jamais ?

Toujours est-il que les premiers pas sur ordinateur de la géométrie fractale sont fascinants. Si l'on fait correspondre à chaque point d'un plan un autre de coordonnées

$$(x^2 - y^2 + a, 2xy + b) \; (\spadesuit)$$

et que l'on répète cette opération simple quelques milliards de fois, on est tout surpris de découvrir ce qui ressemble étonnamment à un nuage ou à une coquille d'escargot.

L'utilisation des nombres complexes ($z^2 + c$) facilite les choses mais n'est même pas indispensable. Le chercheur va de surprise en surprise en faisant varier les paramètres a, b et c.

Une chose est désormais certaine : des images très complexes peuvent être obtenues à partir d'itérations très simples, une nouvelle preuve que le futur des mathématiques ne passe plus nécessairement par le calcul.

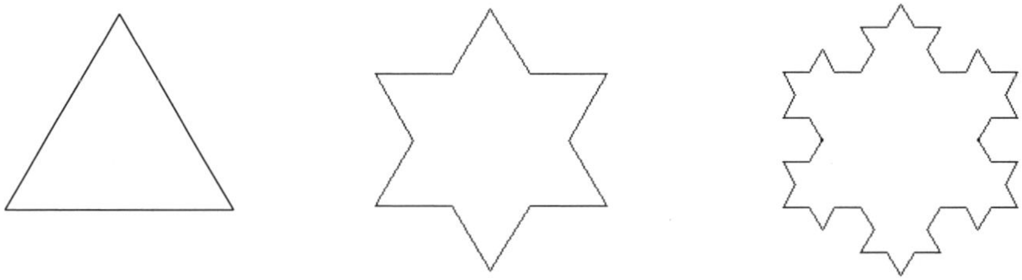

« Construction » d'un *flocon de neige*

36. Attracteur universel

Si l'on prend deux nombres au hasard, 7 et 24 par exemple, et que l'on crée une suite où chaque terme est égal à la somme des deux précédents, soit

$$7, 24, 31, 55, 86\ldots$$

il apparaît que le rapport entre deux nombres consécutifs tend vite vers le nombre d'or 1,618… (concept 2).

$\frac{86}{55}$ est déjà égal à 1,564 et une dizaine d'additions suffisent pour obtenir trois décimales exactes. Mais, ce qui est étonnant, le nombre d'or apparaît quels que soient les deux nombres de départ. (♠)

Cette suite dite de Fibonacci, du nom du mathématicien qui l'a étudiée le premier, évoque un phénomène d'attraction étrange, de convergence bizarre, qui conduit immanquablement du désordre de deux nombres quelconques à un ordre parfait, à la proportion idéale telle que découverte dans l'Antiquité.

Les propriétés des suites de Fibonacci – et surtout celles de son modèle de base 1, 1, 2, 3, 5, 8 – sont extrêmement nombreuses. Certains prétendent y voir le rythme de croissance d'une population de lapins, ou du nombre d'annonces possibles au bridge. La fleur de tournesol organiserait même ses pétales à la Fibonacci !

Cette idée de l'ordre issu du désordre, du hasard qui n'en est pas tout à fait un, a depuis quelques années pris une ampleur nouvelle tout en tenant compte des limites propres à tout système. Pour reprendre l'idée de la prolifération des lapins, il est évident que la croissance à un moment donné se ralentit sous la pression de contraintes extérieures.

Dans un écosystème fini, un effet de régulation se produit qui détermine un seuil maximal pour la population animale. Une modélisation simplifiée à l'extrême de ce feed-back débouche elle aussi sur un phénomène d'attraction.

Le nombre x de lapins au début de l'observation est exprimé en pourcentage du maximum théorique. x est donc compris entre 0 et 1. On peut alors admettre que la nourriture disponible à tout moment est proportionnelle à $(1 - x)$.

En d'autres mots, une population arrivée à son seuil maximum $(x = 1)$ n'aurait plus rien à manger.

Si on accepte ce modèle élémentaire, la dynamique de croissance des lapins s'obtient alors par une boucle où à chaque étape x est remplacé par

$$1{,}618x(1 - x)$$

dans l'hypothèse d'un taux de fécondité égal au nombre d'or.

Il est alors intéressant d'observer comment, pour une situation de départ donnée, les choses de la vie ont tendance à évoluer.

Si $x = 0{,}5$, la boucle de régulation donne successivement

0,5 0,405 0,390 0,385 0,383 0,382 …

Si $x = 0{,}2$, le feed-back donne alors

0,2 0,259 0,310 0,346 0,366 0,376 0,380 …

Quelle que soit la densité de lapins à un moment donné, la modélisation l'attire étrangement vers une valeur identique, à 38 % du maximum théorique.

37. Désordre du jour

Les attracteurs étranges, ces trous noirs de l'univers des nombres ne sont qu'un des phénomènes observés dans les modèles mathématiques des systèmes complexes. En généralisant la formule de la population de lapins, on obtient

$$x_1 = Px_0(1 - x_0)$$

qui est l'équation dite logistique où P est le coefficient de proportionnalité, x_1 le niveau de la population à un moment donné et x_0 celui de l'année précédente.

Le modèle est bien sûr une caricature de la réalité, mais cette formule a la particularité d'être la plus simple de toutes celles qui décrivent néanmoins une dynamique complexe.

Tout dépend du facteur P.

Si P est inférieur à 3 (comme dans le cas du nombre d'or), le système aura toujours tendance à se stabiliser autour d'une même valeur, quelles que soient les conditions initiales. Si P est inférieur à 1, cette valeur unique et stable est d'ailleurs zéro et correspond à l'extinction de l'espèce.

Si P est compris entre 3 et 3,45, le système se stabilise également, mais il oscille entre deux valeurs finales. Les deux attracteurs agissent comme des aimants qui se relaient.

Pour $P = 3{,}2$ par exemple, et à nouveau quelle que soit la population de départ, son niveau oscillera ainsi éternellement. Une année cette population sera d'environ 0,799; l'année suivante elle sera de 0,513 pour revenir ensuite à 0,799, etc.

Si P augmente encore, ainsi en va-t-il du nombre d'attracteurs qui se disputent la destination finale du système.

Mais si P dépasse 3,563 345 718 69... (♠), un phénomène surprenant se produit. Alors que le système est de toute évidence déterministe, il ne se stabilise pourtant pas. Aucune convergence n'apparaît, la boucle de régulation produit une suite infiniment chaotique.

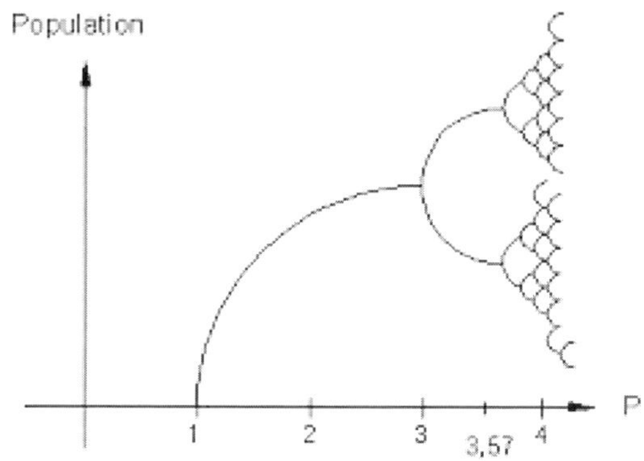

Chaos. Le mot est lâché. Mais est-il le bon ? Est-ce la réalité qui est imprévisible, ou plutôt sa perception ?

Les mouvements irréguliers des planètes dans le ciel étaient aussi considérés comme chaotiques par les premiers astronomes. Jusqu'au jour où Kepler expliqua que ces déplacements supposés aléatoires résultaient en fait de la superposition d'ellipses bien régulières.

Le message reste valable aujourd'hui. Un mécanisme déterministe peut donner sous certains angles l'illusion du désordre, qui ne serait donc qu'une vue incomplète d'un ordre supérieur.

Face à la série « chaotique » de chiffres

777 641 851 468 921 268

un observateur pourrait vite être convaincu de l'absence totale de logique. Ces nombres semblent avoir été tirés par hasard.

Ce n'est pourtant pas le cas, ils résultent des étapes successives de l'équation logistique lorsqu'on prend $P = 3{,}7$ et $x_0 = 0{,}3$.

Il ne vous reste plus maintenant qu'à essayer $P = 4$ et $x_0 = 0{,}5$...

38. Problème d'arrondi

2 + 2 = 4. Évidemment. L'expression mathématique est même devenue une expression littéraire qui exprime la vérité incontestable. Et pourtant, à y regarder de plus près, 2 + 2 vaut plus que 4.

En effet 2 + 2, outre le résultat, contient également la manière d'y arriver. Alors que le 4 abandonné tout seul à son sort ne sait plus d'où il vient. Est-il le résultat de 3 + 1 ou de 7 – 3, ou d'autre chose encore ?

Le calcul est un processus à sens unique, irréversible, qui perd une partie de son information en cours d'exécution. Cette dissipation du savoir est parfois amplifiée par l'utilisation de machines. Même avec une calculatrice de poche, il y a risque de perte d'information.

Prenons une simple division 57 / 7. L'écran affiche 8,142… Mais où est le reste de la division ? Une machine en plus, une information en moins !

La dégradation est encore plus frappante dans le cas d'un calcul aller-retour.

Par exemple si on divise 1 par un nombre quelconque, et que l'on multiplie ensuite le résultat par ce même nombre, la logique des circuits voudrait qu'on obtienne toujours 1. Et bien non, pas toujours.

On peut très bien avoir

$$\frac{1}{N} \cdot N = 0{,}999999$$

Le coupable de cette erreur de calcul a un nom. Il s'appelle « problème d'arrondi »

On dit de quelqu'un de conciliant qu'il arrondit les angles. Celui qui arrondit les chiffres par contre aurait peut-être un effet contraire. C'est vrai qu'il est obligé de le faire car il n'y a jamais une place infinie à droite de la virgule.

Mais l'arrondi induit une poussière d'erreur qui peut tout à coup se révéler être la cause d'une bifurcation brutale de la logique mathématique.

Prenons par exemple les deux systèmes d'équations suivantes :

$$(1) \quad \begin{cases} x - y = 1 \\ x - 1{,}00001 \cdot y = 0 \end{cases}$$

$$(2) \quad \begin{cases} x - y = 1 \\ x - 0{,}99999 \cdot y = 0 \end{cases}$$

(1) et (2) sont identiques à une lointaine décimale près. Et pourtant leurs solutions sont presque antipodiques. En effet

le système (1) donne $x = 100\,001$ et $y = 100\,000$

mais le système (2) donne $x = -\,99\,999$ et $y = -\,100\,000$!

L'impact spectaculaire de différences infimes peut même être perçu sans le moindre calcul, comme l'illustre la manipulation suivante. Elle a pour nom transformation du boulanger par analogie avec la manière dont cet artisan triture sa pâte.

Prenons un carré que nous étirons de telle manière que sa longueur double et que sa hauteur diminue de moitié. Coupons ensuite en deux verticalement et reportons la partie droite au-dessus de celle de gauche.

La même opération peut être répétée un grand nombre de fois. Il est alors intéressant de suivre l'évolution de deux points au départ très proches l'un de l'autre. Pendant quelques étapes, ils voyageront de concert et puis tout à coup leurs trajectoires divergeront très fortement.

Pour une simple question d'arrondi.

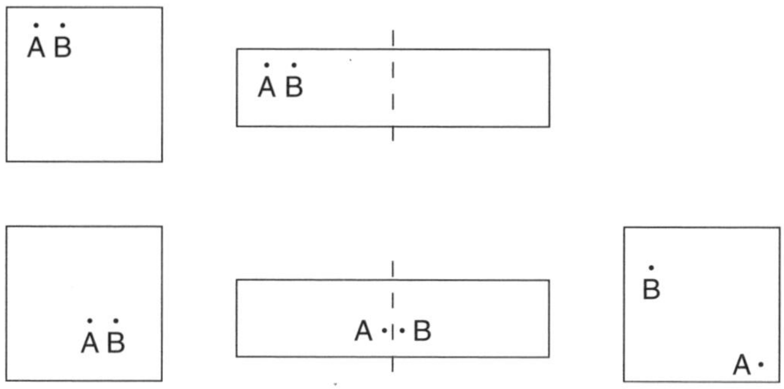

39. La clef de l'énigme

Conjointement à l'apparition des chiffres et de l'écriture apparaît la volonté de communiquer à l'abri des indiscrets. La stéganographie en est une des toutes premières formes : un message secret est dissimulé dans un texte plus grand et il faudra par exemple lire une ligne sur deux ou seulement les deux derniers mots de chaque phrase pour le faire apparaître. On parle alors de dissimulation mais pas encore de transformation des mots.

À l'époque de Jules César, on déforme les mots en associant un chiffre à chacune des 26 lettres de l'alphabet et en les décalant d'un nombre arbitraire. Si c'est 5, chaque lettre est alors remplacée par la lettre qui se trouve 5 places devant elle.

La cryptographie moderne est arithmétique, il en existe deux grandes familles : les méthodes symétriques qui utilisent une clé unique pour le codage et le décodage; et les méthodes asymétriques qui nécessitent deux clés différentes, une publique pour le cryptage et une privée pour le décryptage.

Un exemple simple de méthode symétrique peut être construit avec des opérations logiques sur une chaîne de nombres binaires. Prenons un octet (ensemble de 8 bits) comme message de départ et un autre pour la clé. Si on décide que l'algorithme symétrique est la fonction « ou exclusif » (voir concept 43), cela nous donne :

	Cryptage	Décryptage
Message de départ	0 1 1 0 1 0 0 1	1 1 1 1 0 0 1 1
Clé	1 0 0 1 1 0 1 0	1 0 0 1 1 0 1 0
Message transformé	1 1 1 1 0 0 1 1	0 1 1 0 1 0 0 1

Le système asymétrique RSA, du nom des trois mathématiciens américains qui l'ont mis sur pied en 1978, est le premier algorithme de chiffrement à clé publique. Il reste encore actuellement le plus largement utilisé et est basé sur un résultat remarquable de l'arithmétique : le théorème de Fermat-Euler.

Concrètement, la personne qui désire générer un couple de clés commence par choisir trois nombres : deux nombres premier p, q et un nombre entier positif c.

Il calcule ensuite successivement :

$$n = pq$$

$$m = (p-1)(q-1)$$

La dernière étape consiste à rechercher un entier naturel d tel que $c \times d - 1$ soit multiple de m. Les nombres n et c forment alors la clé publique et le nombre d qui lui correspond constitue la clé privée.

Pour crypter un nombre M il faut calculer le reste de la division de M^c par n. On obtient ainsi l'image M' de M à partir de la clef publique.

Le théorème de Fermat-Euler intervient au décryptage. Il nous apprend que retrouver le message original revient tout simplement à calculer le reste de la division de M^d par n. (♠)

Essayons de crypter le nombre 13 avec un des systèmes les plus simples et les moins sécurisés que l'on puisse trouver : $p = 3$ et $q = 5$

qui correspondent à $n = 15$ et $m = 8$. En choisissant par exemple $c = d = 3$ on vérifie que $3 \times 3 - 1$ est un multiple de 8 et nous voilà prêts à transmettre un message secret.

Pour crypter, on utilise la clé publique c : $M^c = 13^3 = 2\,197$ dont le reste de la division par 15 vaut 7.

Pour décrypter, il faut la clé privée d : $M'^d = 7^3 = 343$, le reste de la division par 15 vaut 13 et on retrouve bien notre nombre de départ.

La clé privée se calcule en fonction de p, q et c. Pour décrypter le code, il faudrait par conséquent retrouver p et q à partir du produit pq ce qui est presque impossible si les nombres premiers sont choisis assez grands.

Parfaitement logique

La question de base de l'épistémologie concerne le Grand Livre de la Nature. Faut-il le lire comme le prétendait Galilée et apprendre pour ce faire son langage, c'est-à-dire les mathématiques ?

Ou bien faut-il l'écrire comme le supposaient déjà ses rivaux empiristes et s'appuyer pour ce faire sur une méthode *ad hoc*, c'est-à-dire la logique ?

La question se pose bien deux fois. Or seules les mathématiques sont vraiment présentes dans l'enseignement secondaire. Énoncer tout ce qui les sépare de la logique est important. Très sommairement, cela donne :

	Mathématique	**Logique**
philosophe fondateur	Platon	Aristote
redécouverte à la	Renaissance	Moyen Âge
a pour objet de	prouver	valider
traite de	la quantité	la forme
conduit à	l'idéalisme	l'empirisme
dépendance du langage	Non	Oui
normalisation des signes	Oui	Pas encore (malheureusement !)
raisonnement de base	déduction	induction

Mais poser le problème de cette manière c'est déjà considérer que mathématique et logique sont des disciplines séparées. Ce n'est bien sûr pas le cas. Réconcilier les deux est même un des plus vieux rêves de l'humanité.

Réduire le raisonnement au calcul pour empêcher les discussions stériles ou les discussions absurdes ! Le premier rêveur dont l'histoire a retenu le nom est Raymond Lulle, un logicien du Moyen Âge.

Mais c'est surtout Leibniz (encore lui) qui restera comme le plus grand rêveur de tous. Il voulait à la fois construire une langue nouvelle et un calcul logique dans le but de faire de l'argumentation un art infaillible. Cette mathématisation du raisonnement était pour lui la clé de la bonne entente.

Et si quelqu'un s'opposait à une quelconque de ses idées, Leibniz répondait simplement (ou rêvait-il de répondre ?) : « Eh bien, calculons… ».

40. Deux tiers exclus

Depuis le début de ce livre l'as de pique est utilisé pour remplacer de longs calculs qui ne sont pas vraiment nécessaires à la compréhension du concept présenté.

Le développement ci-dessous montre qu'il y a parfois moyen d'aller encore plus loin, que dans certaines situations aux mathématiques sophistiquées, même l'as de pique est superflu ! Allons-y !

Nous savons qu'un nombre est dit rationnel s'il peut s'écrire sous la forme d'une division de deux nombres entiers (2 / 3, 1 / 100…) et qu'un nombre est dit irrationnel si ce n'est pas le cas ($\sqrt{2}$, π, $\sqrt{3}$ …).

Tâchons maintenant de prouver qu'il existe deux nombres irrationnels, a et b, tels que a^b soit un nombre rationnel.

Ce fut fait au XXe siècle par de grands mathématiciens, mais reprendre leurs idées ici consommerait pas mal d'as de pique, ce que précisément nous ne voulons pas faire.

Essayons autre chose. Une première idée serait évidemment de trouver un exemple car la thèse serait instantanément démontrée. Prenons a et b égal à $\sqrt{2}$. (Nous avons en effet vu que $\sqrt{2}$ est irrationnel.)

Il nous faudrait donc maintenant démontrer que $\sqrt{2}^{\sqrt{2}}$ est rationnel.

Et bien non ! Pas besoin d'as de pique, pas besoin de savoir la nature de $\sqrt{2}^{\sqrt{2}}$ pour prouver le théorème ! Car dans les deux cas nous trouvons un exemple qui valide la thèse annoncée :

– ou bien $\sqrt{2}^{\sqrt{2}}$ est irrationnel, et si on l'élève à la puissance $\sqrt{2}$ le résultat est rationnel. En effet :

$$\sqrt{2}^{\sqrt{2}\sqrt{2}} = \sqrt{2}^{2} = 2$$

– ou bien $\sqrt{2}^{\sqrt{2}}$ est rationnel et le théorème est instantanément démontré, car il s'agit pratiquement de son énoncé. Soufflant non ?

Une remarque cependant : le théorème est démontré mais on ne sait toujours pas si $\sqrt{2}^{\sqrt{2}}$ est rationnel ou non ! Cette démonstration de type « par l'absurde » repose sur une hypothèse logique, appelée parfois principe ou loi : le « tiers-exclu ». Il peut se dire de la façon suivante, par exemple

« Si deux propositions disent le contraire l'une de l'autre, l'une est vraie et l'autre est fausse. »

Autrement dit, les phrases « le Mont Ventoux est en France », et « le Mont Ventoux n'est pas en France » ne peuvent être toutes deux vraies, ou toutes deux fausses.

Ce qui semble évident, et qui a été accepté comme tel pendant vingt-cinq siècles, a été mis en miettes par la génération des logiciens du XXe siècle.

Car les propositions : « Cette phrase contient sept mots » et « cette phrase ne contient pas sept mots » sont en effet toutes deux fausses ! C'est un cas d'autoréférence et nous y reviendrons plus tard (paradoxe).

Dernier point : même si vous l'ignoriez, la démonstration proposée ci-dessus repose sur une conception platonicienne des mathématiques. Pour le philosophe grec en effet, la rationalité (ou non) de $\sqrt{2}^{\sqrt{2}}$ est un fait en soi, peu importe que nous le sachions ou non, et la démonstration est valide même si la question de la rationalité n'était pas tranchée par les axiomes.

Pour les antiplatoniciens au contraire, un nombre est rationnel ou irrationnel uniquement si on peut le démontrer. Et tant que la question est en suspens, il n'est ni l'un ni l'autre.

Pour Platon, les objets mathématiques ont une réalité, même si celle-ci n'est pas matérielle. Vérité et démontrabilité sont pour lui deux choses différentes. Pour ses opposants au contraire, n'est vrai que ce qui est démontrable.

En résumé, vous l'aurez compris, c'est ou Platon, ou les as de pique…

41. Induction… et déduction

Le savant suisse Euler chercha longtemps une fonction capable de générer des nombres premiers.

Nous avons vu qu'il travailla sur la fonction $x^2 + x + 41$ qui a la propriété étonnante de donner des nombres premiers pour toutes les valeurs de x de 1 à 39.

Dans ce cas précis, Euler utilisa une idée première, une intuition et tâcha de construire une loi mathématique, un concept. Partir de quelques exemples pratiques et espérer pouvoir construire la théorie est la manière de penser que les philosophes appellent l'induction (l'autre étant la déduction dont Euclide fut le premier grand partisan).

Il faut se méfier de l'induction... Pendant des milliers d'années par exemple, les habitants du Bassin méditerranéen ont cru pouvoir induire une loi :

« Tous les matins le soleil se lève à l'est ».

Mais un jour, Pythéas traversa le cercle arctique et observa une nuit de plusieurs mois. Pour Karl Popper, Pythéas mérita ce jour-là le titre de savant car il prouva que quelque chose n'était pas vrai.

En mathématiques, le raisonnement par induction le plus connu est celui par récurrence. C'est souvent efficace, mais attention, car il y a toujours un Pythéas qui sommeille quelque part.

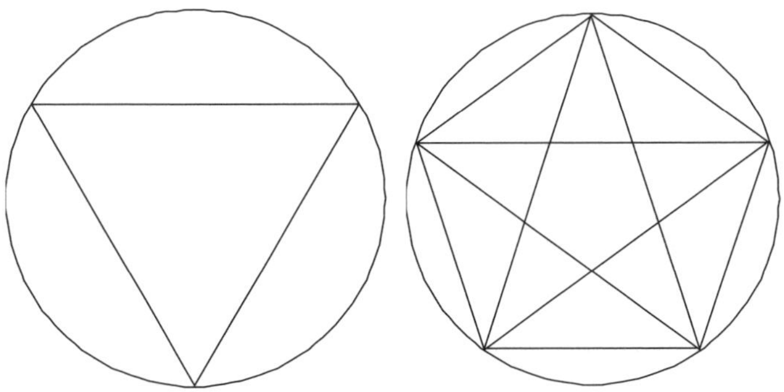

Prenons un disque et des points sur la circonférence. Si on relie tous les points entre eux par toutes les cordes possibles, cela coupe le disque en morceaux.

Cherchons la loi qui relie le nombre de points avec le nombre de parties. Avec un point, on a le disque entier. Deux points reliés donnent deux morceaux, trois sommets forment quatre morceaux. Un carré et ses diagonales délimitent huit pièces... Cela sent la progression géométrique et, effectivement, l'étoile qui apparaît inévitablement avec cinq points donne seize morceaux, apparemment tout aussi inévitables.

On a donc induit une loi... Et bien non ! Car avec six points on a 31 pièces et pas 32 !

Une petite déduction n'aurait pas fait de tort. Avec 30 points, la loi induite (2^n) donnerait plus de 100 000 000 de régions différentes (alors qu'il y en a environ 28 000). (♠)

Si la chose vous amuse, vous pouvez induire une autre loi; celle du nombre maximum de morceaux d'un gâteau circulaire obtenu en fonction de coups de couteau rectilignes. Là aussi les débuts sont prometteurs et puis la théorie tombe en miettes…

Prouver une loi ou un théorème mathématique est un défi plus exigeant qu'une intuition de départ validée par quelques tests concluants.

Dommage. Vous conviendrez avec moi que, même si ce n'est pas une démonstration, l'approche immédiate du théorème de Pythagore de la figure ci-dessus a quelque chose de fascinant.

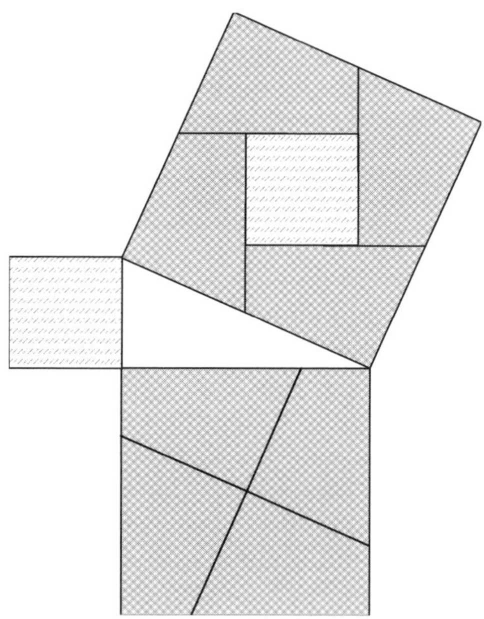

42. Tous les mathématiciens sont mortels

Nous avons vu dans l'introduction de ce chapitre que l'un des plus vieux rêves de l'esprit humain est celui de « mathématiser » la pensée, de rendre n'importe quelle argumentation stratégique, rhétorique, voire même esthétique ou morale, aussi rigoureuse qu'un théorème mathématique.

Kurt Gödel a montré en 1931 que ce rêve ne se réalisera jamais, qu'il n'y aura jamais un ensemble de principes logiques dont pourrait être déduit l'ensemble des mathématiques. Nous y reviendrons (concept 45). Mais même si l'histoire ne se termine pas aussi bien que beaucoup l'espéraient, le rêve a duré près de vingt-cinq siècles et il justifie évidemment quelques pages de ce livre.

La toute première tentative de formalisation des idées est une structure à trois étages, mise au point par Aristote.

– Le concept : la table
– La proposition : la table est en bois
– Le syllogisme : la table est en bois
le bois est inflammable
la table est inflammable

Cette forme de raisonnement, quoique simpliste et rudimentaire, fût la fondation d'un système logique qui restera la référence jusqu'au XVIIIe siècle.

Notre bon Leibniz n'écrivait-il pas en 1703 ? : « Je tiens que l'invention de la forme des syllogismes est une des plus belles de l'esprit humain (…), qu'un art d'infaillibilité y est contenu, pourvu qu'on sache et qu'on puisse bien s'en servir ».

Le syllogisme est une suite de trois propositions. Les deux premières, appelées « prémisses » contiennent un « terme moyen » (le bois dans l'exemple). Le raisonnement élimine ce terme moyen et la troisième proposition est alors la « conclusion ».

Quatre variantes existent dans les propositions.

Elles peuvent être universelles (toutes les tables…) ou particulières (certaines tables…). Elles peuvent être affirmatives (sont…) ou négatives (ne sont pas…).

Quatre variantes existent également dans la structure du syllogisme car le moyen terme peut être en début ou à la fin de chacune des deux premières propositions.

Au total il y a donc 256 formes de syllogismes possibles. Aristote établit que seuls 19 d'entre eux étaient des raisonnements corrects. (♠) (Rappel : un raisonnement n'est jamais faux ni vrai, il est soit correct soit incorrect. La vérité et la fausseté qualifient une proposition).

Le rêve de mathématiser la logique ne s'est jamais réalisé. Mais certains rêveurs ont néanmoins contribué aux deux disciplines, George Boole par exemple (1815-1864), le génial inventeur du calcul binaire, qui porta sur les syllogismes un regard algébrique.

Étant donné x et y, deux ensembles d'objet, appelons $x + y$ l'ensemble des objets qui sont au moins dans l'un des deux et xy, celui des objets communs aux deux. Appelons également 0 un ensemble vide et 1 l'ensemble de tous les objets possibles.

Boole propose alors d'algébriser les propositions. Par exemple :

– tous les S sont P devient $s(1 - p) = 0$;
– certains S sont P devient $sp \neq 0$.

Vérifier la validité d'un raisonnement revient alors à résoudre un système d'équations ! Prenons l'exemple des deux prémisses :

– tous les P sont M

et

– aucun M n'est S.

Que pourrait-on bien en déduire ? Eh bien, calculons !

$$p(1 - m) = 0$$

$$ms = 0$$

donc $$p = pm$$

et $$ps = pms = p0 = 0$$

Et nous pouvons affirmer qu'aucun P n'est S !

Tout cela semble si beau qu'on est un peu inquiet. À juste titre. La logique n'est pas l'algèbre.

Par exemple, en logique, on peut écrire $x^2 = x$ (♠) Un ensemble combiné avec lui même donne l'ensemble en question. Et les seules valeurs qui vérifient l'équation sont 0 et 1. Tiens, tiens, …

Pour la petite histoire (de la logique) retenons que le rêve de Boole est devenu le cauchemar d'Aristote. Car c'est grâce à cette algèbre qu'il fut établi qu'Aristote commit deux erreurs, et que seuls 17 des 256 syllogismes possibles sont des raisonnements valides !

Quoique désagréable pour les aristotéliciens, cette découverte ne contestait cependant pas les fondements de la pensée du philosophe grec. Le pire pour lui était encore à venir. Bertrand Russell put en effet (dé)montrer un siècle plus tard que « la logique d'Aristote est totalement erronée, et que le peu qui ne l'est pas est inutile… »

43. Bar de Scheffer

Il y a une autre manière de faire de la logique. Nous venons de voir que chez Aristote la proposition « A est B » peut être décomposée dans le but (par exemple) de faire disparaître B de la conclusion.

Chez les stoïciens, par contre, la proposition est considérée comme un tout indémontable. Nous les noterons donc p, q ou r et cette autre logique est construite sur la seule chose qu'on peut alors dire des propositions : elles sont vraies ou elles sont fausses.

Un besoin apparaît immédiatement : celui d'articuler et de relier par des constantes les propositions dont la valeur de vérité est variable. Ces constantes sont des connecteurs ou encore des parenthèses. Nous écrirons $\neg$ pour « non », $\rightarrow$ pour « alors », $\wedge$ pour « et », $\vee$ pour « ou ».

Tout comme Euclide était parti de cinq axiomes, les stoïciens fondent leur discipline en proposant trois « indémontrables ». À titre d'exemple, prenons le « *modus tollens* » qui se dit de la manière suivante : « Si le premier, le second; or pas le second, donc pas le premier. » Autrement écrit :

$$p \quad \rightarrow q$$

$$\neg q$$

$$\neg p$$

C'est une forme de raisonnement extrêmement courante. Voici un exemple :

Si c'est dimanche, le libraire est fermé.

Or le libraire est ouvert.

Donc on n'est pas dimanche.

Mais le plus souvent ce sont des chaînes de propositions dont il faut pouvoir connaître la vérité.

Les constructions logiques qui en résultent sont elles aussi susceptibles d'être vraies ou fausses.

$p \wedge q$ par exemple est vrai si et seulement si p est vrai et q est vrai en même temps, ce qui peut se résumer par le tableau suivant (qu'on appelle table de vérité)

p	q	$p \wedge q$
V	V	V
V	F	F
F	V	F
F	F	F

Des quatre cas possibles, $p \wedge q$ n'est vrai que dans un seul, comme cela apparaît dans la colonne de droite. Mais ce qui intéresse la logique, ce sont bien sûr les expressions qui sont toujours vraies, qu'on appelle principe, loi logique ou encore tautologie.

Ainsi le principe de non-contradiction dit qu'on ne peut avoir en même temps la chose et son contraire.

Comme il n'implique qu'une seule proposition, le tableau de vérité n'a que deux lignes :

p	$\neg p$	$p \wedge \neg p$	$\neg (p \wedge \neg p)$
V	F	F	V
F	V	F	V

La 4e colonne étant toujours vraie, c'est une loi logique.

Revenons au cas où deux propositions sont en présence. Il y a 16 manières de connecter p et q qui se traduisent par une colonne de quatre V et F. Chacune reçoit un nom.

Nous en avons déjà vu deux : le « et » et la « loi logique ». En voici deux autres.

p	q	ou exclusif	équivalence
V	V	F	V
V	F	V	F
F	V	V	F
F	F	F	V

– le « ou exclusif » qui est vrai quand p ou q est vrai, mais pas les deux en même temps;
– l'équivalence qui est vraie quand p et q ont la même valeur de vérité.

Des 16 opérateurs binaires théoriquement possibles dans un calcul bivalent, certains apparaissent vite plus utiles que d'autres. Et les logiciens devaient logiquement un jour se poser la question du nombre minimal de connecteurs nécessaires. En 1913, un certain Sheffer montre qu'un seul suffit ! (♠) Il proposa en effet l'opérateur suivant…

p	q	p / q
V	V	F
V	F	V
F	V	V
F	F	V

… et le baptisa logiquement « barre de Sheffer ». Tous les autres connecteurs peuvent, en effet, être transformés en utilisant exclusivement cette barre. Si on la prend deux fois par exemple…

p	q	p / q	p / q	$(p / q) / (p / q)$
V	V	F	F	V
V	F	V	V	F
F	V	V	V	F
F	F	V	V	F

… et, dans cette dernière colonne, on retrouve la même structure que celle de la conjonction $p \wedge q$. Pas mal, non ?

Peut-être pas très pratique, peut-être pas très utile, mais… tellement logique.

regout@cartoonbase.com

44. Quantité et quantificateurs

Qu'ils soient analysés (cf. syllogisme) ou non (cf. barre de Sheffer), les jugements étaient considérés comme la matière première de la logique formelle par les philosophes de l'Antiquité. Mais, consciemment ou non, les Grecs faisaient tous une hypothèse fondamentale : la pensée peut être assimilée au langage, il y a un lien entre la cohérence de l'une et la forme de l'autre. Le mot « logos » ne signifiait-il pas tout à la fois « raison » et « discours » ?

L'hypothèse était audacieuse et elle a permis des progrès certains. Mais l'hypothèse était fausse. Comment exprimer en effet sous une forme « *A* est *B* » une simple relation comme

– le cheval est plus grand que la souris, ou
– Hoves est au sud de Bruxelles;

ou plus compliqué encore, comment lever l'ambiguïté de l'expression suivante

– La petite brise la glace.

Comment également traiter logiquement des raisonnements comme le suivant :

La température est de 17°.

La température va augmenter.

Donc 17° va augmenter.

C'est une réflexion analogue qui a donné à Stella Baruck l'idée d'appeler un de ses livres « si 7 = 0 ».

Comme on le voit, la confusion vient pour beaucoup des nuances que peut prendre le verbe « être ». Il n'y a donc plus qu'une seule chose à faire : le supprimer.

Après plus de deux mille ans de relative tranquillité, la logique commence sa grande révolution à la fin du XIXe siècle lorsqu'une génération de chercheurs reconnut enfin l'évidence : la pensée et le langage sont deux mondes liés certes mais bien différents. Et si on veut en comprendre les articulations, il faut commencer par convenir de symboles. Outre les variables x, y, … cette nouvelle tentative de formaliser, voire de mathématiser le raisonnement, exigea donc l'introduction de deux nouveaux signes.

$\exists$, dit quantificateur existentiel, prit la place des « quelques », « certains », et autres « un », autant de mots flous utilisés pour parler d'une partie d'un ensemble.

$\forall$, dit quantificateur universel, se substitua aux « tout », « tous » ou autre « chaque », autant de vocables que l'on retrouve quand il s'agit de tout un ensemble.

L'usage des quantificateurs est très efficace et, en tout cas au début, facile à comprendre.

Traduisons par exemple « Tout a une cause ». Cela devient :

$$(\forall x)\ (\exists y)\ (y \text{ cause } x) \qquad (1)$$

c'est-à-dire que pour n'importe quel x, il existe un y qui est la cause de x.

Essayons maintenant « Tout a la même cause ». On a :

$$(\exists y)\ (\forall x)\ (y \text{ cause } x) \qquad (2)$$

c'est-à-dire qu'il existe bien un y qui est la cause de x, quel que soit x.

Si l'on compare maintenant les deux expressions, on ne constate qu'une simple petite différence : la permutation des quantificateurs. Entendons-nous bien : une différence simple et petite peut-être, mais fondamentale ! Car l'expression (1) est vraie n'en déplaise aux fanatiques des théories de l'émergence et l'expression (2) est fausse n'en déplaise aux convaincus de l'omnipuissance divine.

La capacité annoncée de lever l'ambiguïté grâce à l'usage de quantificateur apparaît dans l'exemple suivant. Prenons d'une part

$$(\exists y)\ (\forall x)\ (x \text{ aime } y) \qquad (3)$$

qui signifie qu'il existe une personne aimée de tous. Et d'autre part, après permutation,

$$(\forall x)\ (\exists y)\ (x \text{ aime } y) \qquad (4)$$

qui affirme que tout le monde a quelqu'un à aimer. Mais dans le langage courant « tout le monde aime quelqu'un » pourrait être symbolisé autant par (3) que par (4)… ! ! !

On ne peut donc pas permuter impunément les quantificateurs quand ils restent attachés à la même variable. Et si on bougeait les quantificateurs sans leurs variables, cela donnerait quoi ?

Essayons

$$(\forall x)\ (\exists y)\ (x \text{ déteste } y) \tag{5}$$

et

$$(\exists x)\ (\forall y)\ (x \text{ déteste } y) \tag{6}$$

Eh bien, l'expression (5) se traduit par « on a tous quelqu'un qu'on déteste » alors que (6) veut dire que certaines personnes détestent le monde entier.

Pas plus dans ce troisième exemple que dans les deux premiers, la permutation des quantificateurs n'est donc neutre.

La nouvelle logique rapproche certes la pensée du langage mais on sait aujourd'hui qu'elle ne sera jamais mathématisée complètement (♠). Elle restera « la physique des objets quelconques ».

45. Ceci est le titre

Depuis l'Antiquité, ou plus exactement depuis que le Crétois Épiménide a affirmé que tous les Crétois étaient des menteurs – ce qui ne pouvait donc être ni vrai ni faux –, on sait qu'il existe des petits montages intellectuels qui s'autocontredisent et des illusions logiques qui donnent le tournis. C'est vrai que dans la ville où le barbier rase tous ceux qui ne se rasent pas eux-mêmes, on ne saura jamais qui rase le barbier, puisque s'il ne se rase pas lui-même, alors il se rase lui-même. Ces miroirs déformants de la réalité qui rendent l'impossible possible, ces impasses du raisonnement où la logique n'est plus logique, ces trous noirs de la pensée ont pour nom paradoxe. On en trouve dans tous les domaines. Même quand il s'agit d'un système électoral.

	Électeur 1	Électeur 1	Électeur 1
1er choix	x	y	z
2e choix	y	z	x
3e choix	z	x	y

Condorcet par exemple observa qu'une hypothèse apparemment simple et facile à accepter pouvait le conduire à une situation pour le moins étonnante.

Supposons en effet les électeurs « logiques » dans leurs choix. Autrement dit, formons l'hypothèse que si un électeur préfère le candidat x au candidat y et qu'il préfère également le candidat y au candidat z, il préfère alors x à z. C'est ce que les mathématiciens appellent la transitivité et cela semble évident. Pourtant, dans l'exemple du tableau, cela nous conduit à une impasse parce qu'il y a en effet une majorité pour préférer x à y, une autre pour préférer y à z… mais également une troisième pour préférer z à x ! Les élections donnent un résultat en forme de boucle sans vainqueur possible !

Tôt ou tard, les mathématiciens se devaient de relever ce défi suprême fait à leur science, de réagir face à ces situations insupportables où leur rigueur prudente et réfléchie les amenait néanmoins à des contradictions flagrantes.

Un exemple célèbre de ce type d'humiliation nous ramène à la notion d'infini. Imaginons le plus grand ensemble de l'Univers, celui qui contient tous, absolument tous les éléments constitutifs de l'Univers.

Existe-t-il un ensemble plus grand ? Et bien… oui.

L'ensemble de tous les couples possibles de ces éléments, prix deux à deux, est en effet plus grand, sans aucun doute. Et sur ce nouvel ensemble on peut d'ailleurs en construire un autre encore plus infini : celui de tous les couples de couples.

Etc.

Il n'existe donc pas d'ensemble plus grand que tous les autres… !

Peu de chose semble résister aux tenailles paradoxales. Un exemple supplémentaire est-il nécessaire ?

« Quel est le plus petit nombre exigeant, pour être défini, au moins quinze mots ? »

Apparemment une théorie mathématique un peu sophistiquée devrait pouvoir donner le résultat. En effet c'est 1 297 297. (♠)

« Un million deux cent quatre-vingt-dix-sept mille deux cent quatre-vingt-dix-sept » contient bien quinze mots.

Et pourtant, cette suggestion ne pourra être acceptée. Le nombre de mots nécessaires à sa définition est en effet égal et non supérieur à quinze mots puisque la phrase dont vous êtes partis, et qui définit entièrement la réponse, contient quatorze mots !

Les paradoxes de ce type résultent pour la plupart d'une confusion entre des affirmations construites à l'intérieur d'un système et des affirmations faites au sujet de ce système. Ce phénomène est appelé « autoréférence ».

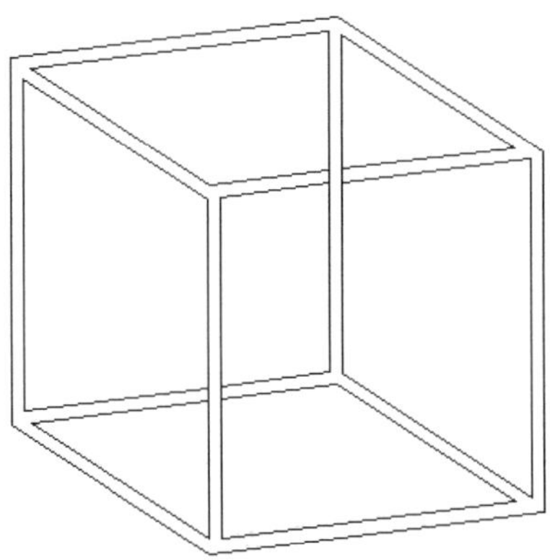

Depuis toujours, nombre de savants et de philosophes ont essayé de réduire les mathématiques à de la logique, c'est-à-dire de définir un acte de foi minimal – un ensemble d'axiomes – qui leur permettrait de démontrer l'ensemble des propriétés qu'ils estimaient vraies. Mais depuis 1931, on sait que c'est impossible et qu'ils ont donc perdu leur temps.

Cette année-là en effet, l'Autrichien Kurt Gödel démontra que tout système formel – l'arithmétique par exemple – contient des propositions dont il est impossible de démontrer qu'elles sont correctes, mais dont on ne peut pas dire non plus qu'elles sont fausses. (♠)

En mathématiques, il existe donc des portes qui ne sont ni ouvertes, ni fermées.

C'est ce que Gödel appela l'incomplétude, c'est-à-dire ce qui n'est ni démontrable ni réfutable.

Il paraîtrait que Dieu lui-même, interrogé à ce sujet, dut reconnaître qu'Il n'était pas tout puissant. Il admit par exemple être incapable de créer une équation tellement difficile qu'Il ne pourrait en trouver la solution.

Une part de créativité

Un argument paraît plaider pour une réinsertion des mathématiques dans tous les débats de pensée : elles peuvent être une superbe école de la créativité. À une époque où les mécanismes de réflexion sont menacés de routine ou même d'usure, à un moment où l'appel à l'imagination et aux nouvelles idées est reconnu par tous comme indispensable, ce livre veut entre autres rappeler que la créativité s'apprend, au même titre que le piano, les langues étrangères, le tennis ou la fiscalité.

Et les chiffres, les figures géométriques, les petits exercices de logique peuvent être un matériau de base particulièrement efficace pour mettre en évidence des mécanismes de pensée un peu paresseux, une réflexion un peu trop convergente ou des travers chroniques dans le raisonnement.

Cette dimension s'oppose en cela totalement aux tests dits d'intelligence qui ne sont bien souvent que des tests de programmation, juste bons à vérifier les circuits logiques d'un microprocesseur.

Des centaines de livres existent qui présentent énigmes, puzzles, devinettes, casse-tête. Les mathématiques y deviennent presque une métaphore. Peu importe finalement que l'on trouve ou non la réponse à ce genre d'exercice, l'essentiel de l'enseignement se trouve dans l'observation de sa propre attitude face au problème.

Quel périmètre a-t-on défini pour la recherche ?

Quelles hypothèses de départ a-t-on prises, consciemment ou non ?

Une bonne réponse n'a-t-elle pas caché une autre bonne réponse ?

De qui a-t-on reçu les idées reçues, n'y avait-il pas une autre manière de poser la question ?

A-t-on été influencé par la question précédente ?

Un petit dessin n'aurait-il pas mieux valu que..., etc.

La créativité est souvent définie comme étant la révolution du regard. Les mathématiques sont alors un merveilleux instrument d'optique qu'il faut redécouvrir.

Car il y a tant de choses à voir.

46. Tout dépend du point de vue

Voici un petit exercice de gymnastique intellectuelle, extrêmement simple. Il vous est demandé de choisir quelques nombres parmi les douze proposés ci-dessous, de telle manière que leur somme soit égale à 100.

51	36	3	15
9	17	63	6
53	42	33	72

Vous ne vous sentez probablement pas à l'aise avec ce type de problème. Rassurez-vous, la majorité des personnes interrogées réagit comme vous. Mais ceux qui ne trouvent pas la réponse devraient néanmoins se poser quelques questions.

D'abord, à quoi servent les mathématiques ? Les connaissances requises dans le cas qui vous occupe sont du niveau de la deuxième primaire, un peu avant le congé de carnaval. Alors, à quoi bon ?

Ensuite à quoi sert l'informatique ? Imaginez, en effet, que vous disposiez d'un ordinateur. A priori, que pourrait-il faire d'autre que tester toutes les possibilités ?

D'abord, combien y en a-t-il de ces sous-ensembles ? Plus que vous ne le pensez. De manière un peu plus précise, il y a deux à la douzième puissance – soit 4 096 – façons de prendre quelques nombres parmi ceux qui sont proposés. (♠)

Les essayer toutes reste du domaine du possible, certes. Mais il n'est pas difficile d'imaginer qu'avec cent chiffres par exemple, trouver la réponse est tout simplement hors de question. Or, les problèmes de ce type sont extrêmement nombreux. Attribuer des fréquences à des radios libres, vérifier si un nombre est premier, pointer des écritures comptables ou encore minimiser la longueur d'un circuit de distribution relèvent souvent de la même discipline, celle où l'approche par « essai et erreur » est tout à la fois inévitable et impraticable.

Un même problème peut être tantôt un jeu d'enfant tantôt un véritable casse-tête. Tout dépend de la taille des données de départ et une relation très intéressante à étudier est celle qui lie le temps de calcul nécessaire pour trouver la solution avec le volume des informations à traiter. Pratiquement tous les cas sont possibles.

Parfois, la complexité d'un problème est indépendante du volume. C'est le rêve de l'utilisateur et le cauchemar du vendeur d'ordinateurs qui ne peut argumenter la nécessité d'un investissement. L'attribution d'une nouvelle plaque d'immatriculation par exemple demande un effort qui ne dépend pas du nombre de plaques en circulation.

Plus souvent, le temps de calcul augmente proportionnellement aux volumes traités. La fonction est linéaire, comme dans le cas d'une sommation où un doublement des chiffres à additionner se contente de doubler le travail à faire.

Mais dans la majorité des cas, la complexité augmente plus vite que les informations en présence.

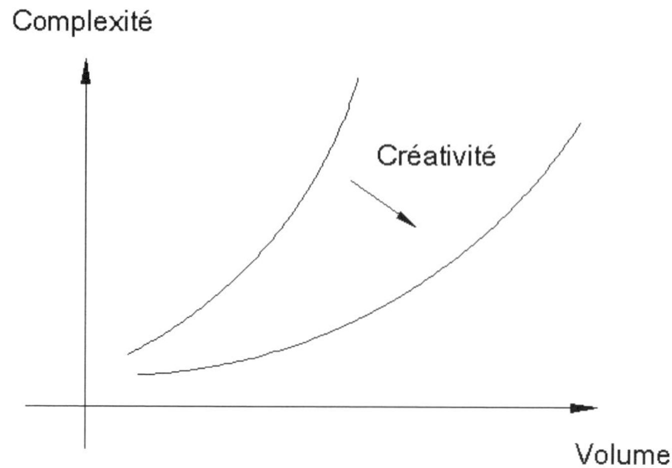

Le petit exercice du début de l'article illustre bien cette complexité qui s'emballe. Le nombre de combinaisons possibles explose – les mathématiciens parlent d'ailleurs d'explosion combinatoire – et, à partir d'un certain seuil, ce type de problème dépasse les capacités des ordinateurs les plus puissants.

Contrairement à ce qu'on serait tenté de croire, les limites du calcul ne sont plus rarement aujourd'hui liées aux difficultés de ce calcul. Le plus souvent, elles sont atteintes à cause des volumes à traiter, du nombre astronomique de fois où un même calcul simpliste doit être répété.

C'est donc le moment pour l'homme de poser cet « autre regard » sur la question, de recourir à cet atout de créativité qui – à condition d'en être convaincu – lui donnera à tout jamais la supériorité sur n'importe quelle machine.

Pour revenir au problème du départ, une approche « latérale » des douze nombres permet de remarquer que tous sont des multiples de trois, sauf 53 et 17 qui sont des multiples de trois plus deux.

Or 100, le total demandé, est un multiple de trois, plus un. La solution comprendra donc obligatoirement 53 et 17 car c'est la seule manière de fabriquer un multiple de 3 + 1, (70) en l'occurrence. Le complément (30) apparaît très vite alors comme la somme de 6, 9 et 15.

L'utopie de l'informaticien est en effet de trouver, pour un problème donné, une méthode dont le temps de calcul ne dépendrait ni de la taille ni du volume des informations à traiter, qui résoudrait aussi vite un système de trois équations à trois inconnues qu'un système de deux équations à deux inconnues.

Un joli exemple est celui du tournoi de tennis organisé par élimination directe et dont on demande le nombre de parties jouées – finale comprise – en fonction du nombre de joueurs inscrits. La méthode lourde consiste à additionner : une finale, plus deux demi-finales, plus quatre, etc., en n'oubliant pas les matchs de qualification, si le nombre de joueurs n'est pas une puissance de deux. La méthode créative par contre est instantanée…

Puisqu'un match élimine un joueur, le nombre de match est égal au nombre de joueurs, moins un.

La créativité en mathématique est le réflexe qui consiste à essayer de changer de méthode plutôt que de changer de machine.

47. Éloge de l'analogie

L'analogie est une forme de raisonnement puissant. Ce n'est pas une simple comparaison où des éléments communs apparaissent dans des mondes parfois éloignés. Non, la pensée analogique implique nécessairement quatre éléments, elle met en présence deux rapports, elle est de type $a\ /\ b = c\ /\ d$ comme par exemple :

$$\frac{humour}{esprit} = \frac{rire}{corps}$$

L'idée même de ce livre peut par exemple se mettre sous la forme :

$$\frac{grammaire}{littérature} = \frac{calcul}{mathématiques}$$

La pensée analogique peut se révéler extrêmement féconde en mathématique, car elle permet parfois de calculer sans utiliser de chiffres.

Des astuces ont été utilisées pour multiplier, diviser et même résoudre des problèmes difficiles sans pour autant faire intervenir les nombres.

Si par exemple il est demandé pour un nombre a donné de trouver son inverse, son carré et sa racine carrée, on peut procéder de la façon suivante (entre autres).

Inverser un nombre peut se faire en utilisant le célèbre théorème de Thalès sur les proportions. Si on coupe deux droites sécantes par deux droites parallèles, les proportions sont respectées entre les segments découpés. (♠)

Comme l'égalité suivante est toujours respectée

$$\frac{1}{a} = \frac{1/a}{1}$$

la construction permet bien de calculer $\frac{1}{a}$.

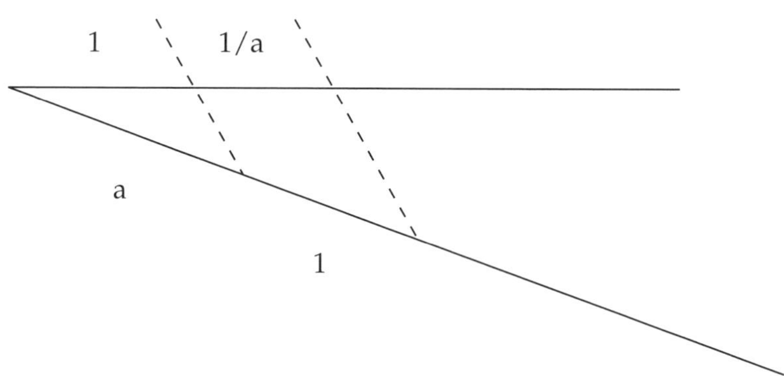

Élever un nombre au carré est rendu possible en utilisant le concept de puissance d'un point. À l'intérieur d'un cercle, les produits des segments d'une même droite déterminés par deux sécantes sont identiques. (♠) Si on circonscrit un triangle isocèle de base $2a$ et de hauteur 1, le quatrième segment ainsi déterminé aura bien pour longueur a^2.

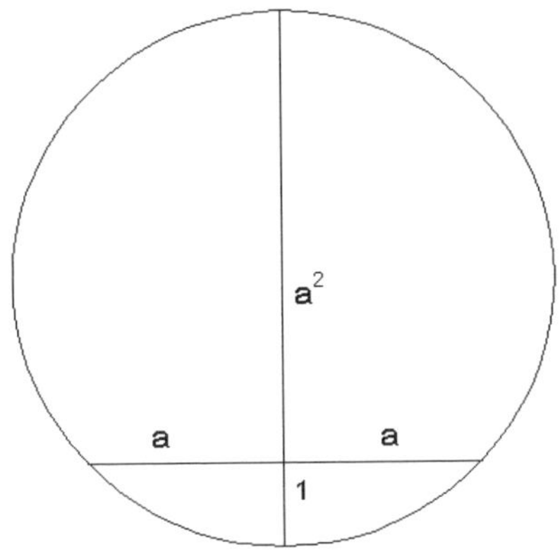

On peut obtenir la racine carrée de a en construisant un cercle de diamètre $(1 + a)$. La perpendiculaire coupe le cercle et détermine un segment de longueur $\sqrt{a}$. Puisque les deux triangles rectangles adjacents ainsi obtenus sont semblables, on a en effet

$$\frac{1}{\sqrt{a}} = \frac{\sqrt{a}}{a}$$

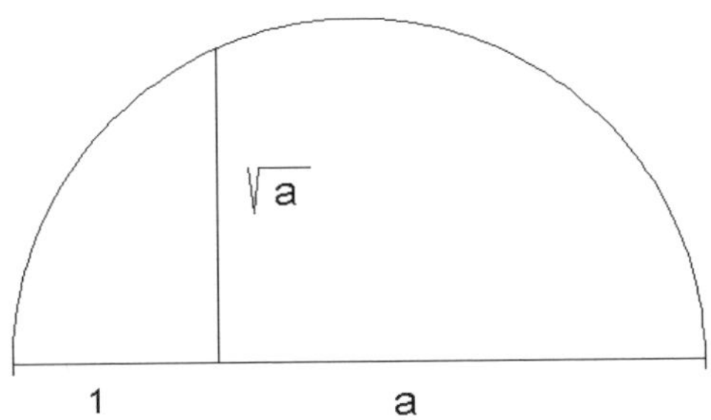

Calculer sans calcul peut se faire à l'aide d'analogies. Tout comme on peut mesurer le temps à l'aide d'un balancier ou la température grâce à la dilatation du mercure, le calcul analogique permet parfois de résoudre des problèmes mathématiques.

Prenons un exemple tout simple. La déformation d'un ressort est proportionnelle à la force qu'on y applique. Trois kilos étireront le ressort d'une longueur triple de celle provoquée par une charge d'un seul kilo. En résumé (♠)

$$\text{Force} = k \cdot \text{déplacement}$$

où k dépend du type de ressort.

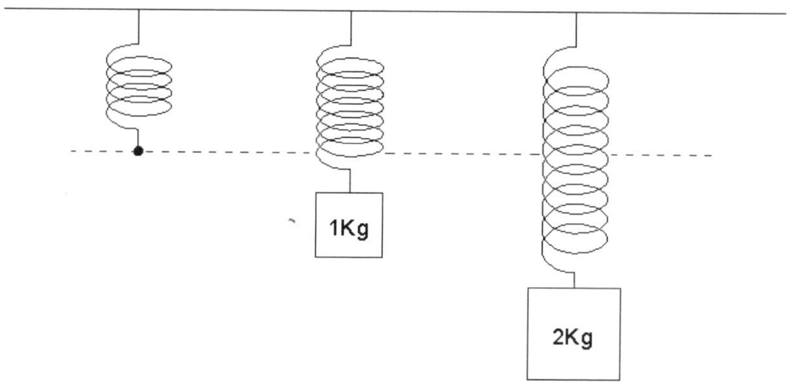

Si $k = 7$ par exemple, le ressort est bien une machine à diviser par 7… puisqu'une force de 42 provoquera un déplacement de 6.

48. Pas vraiment une référence

La scène se passe sur une rivière, devant la balise indiquant le kilomètre 12. Un rameur énergique, et porté par le courant, perd soudain son chapeau sans s'en rendre compte, et continue de ramer pendant un quart d'heure avec le même entrain. Il constate alors la disparition de son couvre-chef et fait demi-tour, à la rencontre de son chapeau flottant sur l'eau. Il rame à contre-courant en déployant exactement la même énergie et récupère son bien à hauteur de la borne du kilomètre 13.

On demande la vitesse du courant.

La première idée d'un mathématicien dans une situation pareille est de construire un système d'équation, de se jeter dans l'inconnu, ou plutôt dans les inconnues. Il baptise :

V_C la vitesse du courant (ou celle du chapeau),

V_R la vitesse relative du rameur,

T le temps qu'il met à remonter la rivière jusqu'à la borne 13, et

D la distance parcourue à contre-courant.

À première vue, quatre inconnues suffiront. Mais la première vue est-elle la bonne ? Essayons une deuxième approche.

Un regard oblique, latéral sur le problème permet en effet de le résoudre pratiquement sans calcul. Imaginons un instant la rivière infiniment large, jusqu'à en oublier que le courant a une vitesse.

Il est facile alors de voir que si le rameur s'éloigne pendant 15 minutes de son chapeau, il mettra également 15 minutes pour le retrouver après avoir fait demi-tour. Et ce, quelle que soit la vigueur constante avec laquelle il rame. Le chapeau aura donc parcouru 1 km en 30 minutes et la vitesse du courant est de 2 km/h.

Dans le cas particulier où $V_C = V_R$, après un quart d'heure le rameur est déjà à la borne 13, et dans les 15 minutes qui suivent, sa force lui permet de faire du surplace et d'attendre son chapeau.

Pour ceux qui aiment la première vue, il faut appliquer trois fois l'équation

DISTANCE = TEMPS. VITESSE.

(1)	rameur à l'aller	$1 + D = 15(V_R + V_C)$
(2)	rameur au retour	$D = T(V_R - V_C)$
(3)	chapeau	$1 = (15 + \mathrm{T})V_C$

Donc (1) = (2) + (3) et on trouve $T = 15$ quel que soit V_R.

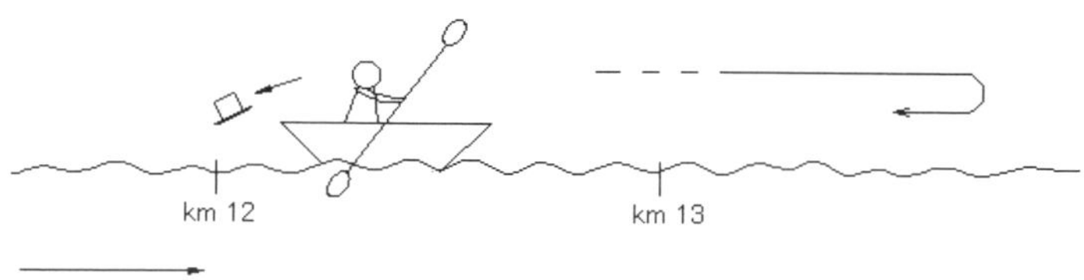

L'étude d'un mouvement passe par l'étude des référentiels qui forment son environnement, il nous faut continuellement faire la distinction entre l'absolu et le relatif.

On peut considérer que le rameur se trouve dans son référentiel bateau qui se déplace relativement à la Terre, que l'on pourrait considérer dans ce cas comme un espace absolu. Mais la Terre se déplace aussi par rapport au Soleil qui lui-même est en mouvement relatif par rapport à d'autres étoiles.

N'y aurait-il pas finalement que des espaces relatifs ?

Newton s'est posé la même question et soutenait qu'il existait un espace absolu, sans relation avec l'extérieur et qui, de par sa nature, demeure toujours semblable et immobile. Cet espace absolu serait inaccessible à la perception sensible.

L'expérience suivante constituait sa principale argumentation : un seau rempli d'eau est suspendu à une corde tournée plusieurs fois sur elle-même. Lorsque la corde se détend, le seau entre en rotation et entraîne l'eau dans son mouvement.

L'idée est d'observer la déformation de la surface de l'eau.

On divise l'expérience en quatre phases distinctes.

– Phase I : le seau est maintenu au repos, la corde est tendue et la surface de l'eau est plane.
– Phase II : le seau est lâché, se met à tourner sur lui-même mais n'entraîne pas l'eau dans son mouvement. La surface ne subit pas encore de déformation.
– Phase III : l'eau est entraînée par le seau et entre en mouvement circulaire. La surface prend une forme concave et l'eau est au repos par rapport au seau.
– Phase IV : le seau est arrêté mais l'eau continue dans son mouvement circulaire et sa surface garde une forme concave. L'eau et le seau sont en mouvement accélérés l'un par rapport à l'autre.

Newton en conclut que la concavité de l'eau ne résulte pas d'un mouvement par rapport aux parois du seau mais d'un mouvement par rapport au référentiel absolu. Le mouvement circulaire absolu ne commence que lorsque la surface de l'eau se déforme.

Le seau ne peut donc pas être considéré comme un espace absolu. Mais il reste encore à prouver que la Terre, les autres planètes et les étoiles ne le sont pas non plus car, pour Newton, il n'existe pas de corps matériel privilégié. Il se servira de l'aplatissement de la Terre aux pôles semblable à la concavité de l'eau et de la tendance de chacune des planètes à s'éloigner du Soleil pour achever sa démonstration.

Un brillant avenir

Que peut apprendre Socrate aux mathématiciens d'aujourd'hui ? L'art de la question évidemment, de la remise en cause et du décentrement. Dans le dialogue avec Ménon, Socrate présente un carré à un jeune esclave et lui demande comment en doubler la surface. Tout naturellement, l'esclave répond qu'il faut allonger chacun des côtés. Mais de combien ? Par un jeu de questions-réponses, le philosophe lui fait saisir la solution : tracer le grand carré à partir de la diagonale du petit ! Socrate n'enseigne pas péremptoirement la réponse, il fait en sorte que le jeune homme abandonne ses évidences pour trouver la solution (voir page suivante).

Nous diviserons cette dernière partie en deux. La première traitera des questions en général lancées comme des défis, la deuxième des intuitions à ce jour non démontrées qu'on appelle conjectures et qui constituent tout autant de défis.

regout@cartoonbase.com

49. Question pour un champion

Un problème bien posé est déjà à moitié résolu. Le dicton semble plus vrai encore en mathématiques et ce n'est pas étonnant de voir que, dès l'Antiquité, les questions suscitaient autant d'intérêt que les réponses.

Les trois premières grandes questions semblent avoir été la trisection de l'angle, la duplication du cube et la quadrature du cercle, trois opérations à réaliser avec pour tout instrument une règle et un compas (ce qui revenait à s'attaquer à mains nues à respectivement 1 / 3, à la racine cubique de 2 et à π !).

La quadrature du cercle, c'est-à-dire la construction d'un carré de surface équivalente à un disque donné, est encore aujourd'hui l'archétype des problèmes insolubles.

Depuis toujours, les mathématiciens se sont amusés à se défier lors de joutes de calcul.

En 1707, par exemple, Newton posa le problème suivant. Imaginons un monde où toutes les vaches sont identiques et où toutes les prairies ont le même rendement. Imaginons d'autre part que :

– x_1 vaches tondent y_1 prairies en z_1 jours,
– x_2 vaches tondent y_2 prairies en z_2 jours,
– x_3 vaches tondent y_3 prairies en z_3 jours.

Quelle est alors la relation qui lie tous les x, y et z entre eux ?

Appelons H la consommation journalière d'une vache, R et r respectivement la situation initiale et la pousse quotidienne dans les prairies.

Dans le premier cas, l'herbe disponible sera $y_1R + y_1z_1r$ qui doit être égale à la consommation x_1z_1H des vaches. Pour les deux autres cas, il en ira de même. Donc

$$y_1R + y_1z_1r - x_1z_1H = 0$$

$$y_2R + y_2z_2r - x_2z_2H = 0$$

$$y_3R + y_3z_3r - x_3z_3H = 0$$

Pour trouver le lien entre les x, y et z les mathématiciens ont inventé une méthode foudroyante, celle des déterminants. Ce qui donne :

$$\begin{vmatrix} y_1 & y_1z_1 & x_1z_1 \\ y_2 & y_2z_2 & x_2z_2 \\ y_3 & y_3z_3 & x_3z_3 \end{vmatrix} = 0 \quad (\spadesuit)$$

$$y_3z_1z_2(x_1y_2 - y_1x_2) + z_3y_3(y_1z_2x_2 - y_2z_1x_1) + z_3x_3y_1y_2(z_1 - z_2) = 0 \quad (\spadesuit)$$

Fibonacci, Blaise Pascal et même Euler se cassaient la tête à inventer des casse-tête. Plus près de nous, von Neumann, un des pionniers et génies de l'informatique, raconte qu'au Rand Institute, en pleine guerre froide, lui et ses collègues prenaient un plaisir particulier à se défier. Une des questions qui les passionnait était par exemple celle-ci : quand on lance une pièce en l'air, elle retombe sur une des deux faces. Quand on lance un tube en l'air, il retombe sur le côté. Il existe donc un petit tube, ou une grosse pièce, tels que la probabilité est la même d'atterrir debout ou couché !

L'histoire des mathématiciens est avant tout l'histoire des questions de mathématiques. Elles peuvent être très variées.

- Qu'est-ce qu'un nombre ? Voilà une question anodine à laquelle les scientifiques ont mis plus de… 2 000 ans à répondre.
- Pourquoi cela peut-il avoir du sens d'additionner deux notes de téléphone alors que cela n'en a pas d'additionner deux numéros de téléphone ?
- Alors que 3 / 10 + 4 / 10 = 7 / 10, pourquoi deux notes de 3 / 10 et 4 / 10 donnent-elles à l'école une note de 7 / 20 ?
- e^{π} est-il un nombre transcendant ?

Non, la dernière question c'était pour rire. Cette quatrième question était l'un des défis lancés en 1900 par David Hilbert. Dans une conférence célèbre, le mathématicien allemand avait proposé à ses collègues 23 problèmes pour le siècle.

Un mécène californien, London Clay, a eu la même idée il y a peu. Il a proposé cette fois sept problèmes pour le millénaire ! Chacune des solutions rapportera un million de dollars à son auteur…

L'histoire des mathématiques n'est donc pas prête d'être achevée. Et d'ailleurs est-elle seulement achevable ? Car un problème d'un autre genre se profile à l'horizon. Chaque nouvelle réponse à un défi semble être plus longue et plus complexe que la précédente. Serons-nous alors toujours capables de vérifier si la démonstration est correcte ? Pourrons-nous toujours prouver la preuve ?

La… question se pose en tout cas. Dans le genre casse-tête, un des grands classiques est celui de « l'empilement des sphères ». C'est Johannes Kepler qui se serait un jour posé la question de la meilleure manière de ranger des boules dans une boîte. Cela paraît enfantin et pourtant les mathématiques sous-jacentes sont, paraît-il, effrayantes. Mais les nouvelles sont bonnes. En mai 2005, un colloque a réuni au Canada les meilleurs spécialistes mondiaux de la question et la solution semble avoir été trouvée par un certain Thomas Hales.

Pour être bien sûr que la démonstration tienne la route, un projet de vérification par l'informatique a été lancé. Il devrait durer une vingtaine d'années…

50. Se perdre en conjecture

Un nombre parfait est un nombre égal à la somme de ses diviseurs stricts. Par exemple

$$6 = 1 + 2 + 3$$

$$28 = 1 + 2 + 4 + 7 + 14$$

$$496 = \dots$$

Il y a plus de 2 000 ans, les Grecs connaissaient le moyen de produire des nombres parfaits pairs (dernière proposition du livre IX des éléments d'Euclide). Mais existe-t-il un nombre parfait impair ?

Paradoxalement, personne n'a jamais pu en trouver un (même avec de très gros ordinateurs) et personne n'a pu démontrer l'impossibilité d'un tel nombre. On pense qu'il n'y en a pas : c'est une conjecture (sans doute la plus vieille des mathématiques). Une conjecture est une thèse tout à la fois non démontrée mais jamais mise en défaut.

Une autre conjecture classique est l'œuvre de Goldbach : tout nombre pair peut être la somme de deux nombres premiers, par exemple 16 = 13 + 3.

Vouloir démontrer une conjecture est une démarche possible chez un mathématicien, à la poursuite de son « intime conviction ». C'est l'attitude d'un visionnaire qui ne voit au départ clairement que le but qu'il poursuit, à l'image des premiers Grecs convaincus de l'existence d'un rectangle parfaitement harmonieux.

Mais d'autres démarches se rencontrent. Certains mathématiciens s'épanouissent dans les travaux d'un ou plusieurs maîtres, théories qu'ils contribuent alors à faire évoluer plus loin encore. Ils généralisent un théorème ou trouvent des liens étonnants entre deux domaines existants. Certains enfin se comportent en aventuriers des équations inconnues, en explorateurs des théorèmes lointains. Pour la beauté de l'art mathématique et sans la moindre idée de ce qu'ils pourraient trouver.

Cela vous tente-t-il ? Voici un beau sujet.

Prenons par exemple un nombre quelconque 2 744. Si on additionne ses chiffres 2 + 7 + 4 + 4, on trouve 17, et ensuite 1 + 7 = 8. En deux étapes, on arrive à un seul chiffre. Appelons ce nombre de pas le « rang du nombre » ? Quel pourrait être le lien entre un nombre et son rang ? Attention, le rang de 1 008 est 1, celui de 1 009 est 2 mais celui de 1 010 est à nouveau 1. Quelle pourrait alors être la loi de croissance du rang ?

Si cette exploration s'avère frustrante pour l'une ou l'autre raison, le mathématicien aventurier pourra toujours partir à l'assaut de la théorie équivalente pour la multiplication, et là les accidents de parcours sont nombreux : quelle que soit la longueur d'un nombre, la présence d'un 5 et d'un chiffre pair entraîne une fin brutale, occasionnée par l'arrivée inévitable d'un zéro.

421 949 a ainsi un rang 3 puisque le produit des chiffres donne successivement

2 592   180   0

Ce cinquantième concept est le dernier. Et par définition, il ne contient pas d'(♠).

CQFM

La parabole est une figure de style qui consiste à raconter une histoire pour mieux faire percevoir un concept. Comme Jésus-Christ l'avait bien compris, un petit récit vaut souvent mieux qu'une description abstraite. (Apollonius a d'ailleurs fait fort pour rapprocher mathématiques et culture car ses deux autres courbes, l'ellipse et l'hyperbole, sont aussi devenues des figures de style.)

Parlons donc de la parabole en utilisant une parabole. Celle d'un cycliste qui allume son phare à la nuit tombante. Sait-il seulement que la forme de son phare se rapproche d'un paraboloïde ? Pas essentiel à son sport, direz-vous. Quoique. Si la lumière porte au loin, c'est que ses rayons sont presque parallèles, ce qui n'est rendu possible que par l'utilisation des propriétés de la parabole. (♠)

Et ce n'est pas tout, il peut avec son phare comprendre la manière dont Apollonius a expliqué ses trois courbes ! Si le faisceau lumineux pique vers le bas, la surface éclairée est une ellipse; si le phare est déréglé et pointe vers le haut, c'est une hyperbole qui sera dessinée sur la route. Enfin, troisième cas, si la lumière émise se déplace parallèlement au sol, ce sera alors... une parabole ! Tout cela grâce à un simple cône. Lumineux, non ?

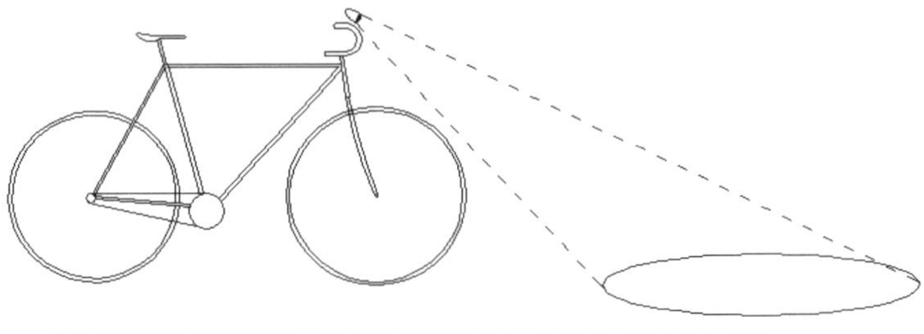

(Dans le cas particulier où le cycliste voit un disque parfait, c'est qu'il est trop près du camion devant lui.)

Une fois de plus, cette petite histoire ne démontre rien, elle montre tout simplement. Elle montre qu'un cône peut être coupé de trois manières différentes par un plan et donner autant de courbes intéressantes. Elle montre qu'un concept mathématique peut s'adresser autant aux yeux qu'au cerveau. Il faut voir les mathématiques pour bien les comprendre.

On peut donc expliquer Apollonius avec une lampe de poche et une feuille de papier.

D'ailleurs, avez-vous jamais mesuré les dimensions d'une feuille de papier A4 ? Elles sont de 21 et 29,7 cm. Bizarre non ? Pourquoi pas 20 et 30, ne serait-ce pas plus facile ? Encore un coup des Américains ?

Eh bien non, ce qui est bien avec le format A4, c'est qu'il est « héréditaire », c'est-à-dire que l'on garde les mêmes proportions si on le double (A3) ou si on le divise par deux (A5). Autrement dit, quand on réduit à la photocopieuse, cela ne pose pas de problème, les proportions restent les mêmes. (Ce qui est vraiment bizarre, c'est que cela n'a pas l'air d'intéresser les Américains qui ont un autre standard.)

Sans grande surprise, pour toutes les feuilles qui respectent cette norme ISO 216, le rapport entre longueur et largeur est de 1,41, la racine de 2. Et si vraiment cela vous amuse, vous pourrez vérifier qu'une feuille de format A0, cerise sur la photocopieuse, fait exactement un mètre carré. (♠)

Cet exemple issu de la vie de tous les jours montre une dernière fois que l'on peut s'amuser avec les mathématiques, sans pour autant faire de calcul.

Même quand on n'a qu'une simple feuille blanche, et même quand on n'a pas de quoi écrire…

Depuis la première ligne de ce livre, nous sommes convaincus que c'est ce qu'il fallait montrer.

CQFM.

Bibliographie

Avant toute chose ou toute référence, nous tenons à remercier les magazines *Tangente* et *La Recherche* ou plus exactement tous ceux qui contribuent à la qualité de ces publications exceptionnelles.

BECKMAN Petr, *A history of π*, New York, St Martin's Press, 1971.

BELNA Jean-Pierre, *Histoire de la Logique*, Paris, Ellipses, 2005.

BERLINSKI David, *A tour of the calculus*, Londres, Heinemann, 1995.

CHANGEUX Jean-Pierre et CONNES Alain, *Matière à pensée*, Odile Jacob, 1988.

DAVIS Philip J. et HERSH Reuben, *Descartes'dream, The world according to mathematics*, Boston, Houghton Mifflin Company, 1986.

DAVIS Philip J. et HERSH Reuben, *The mathematical experience*, Boston, Penguin Books, 1980.

DE BRABANDERE Luc, *Le plaisir des idées*, Paris, Dunod, 2004.

DE BRABANDERE Luc, *Le management des idées*, Paris, Dunod, 2002.

DE BRABANDERE Luc, *Le sens des idées*, Paris, Dunod, 2004.

DE BRABANDERE Luc, *Calculus*, Mardaga, 1994.

DELAHAYE Jean-Paul, *Jeux mathématiques et mathématiques des jeux*, Paris, Bibliothèque Pour la Science, 1998.

DEVLIN Keith, *Mathematics, The new golden age*, Londres, Penguin Books, 1988.

DEVLIN Keith, *The language of mathematics*, New York, Freeman, 1998.

DE GUZMAN Miguel, *Aventures mathématiques*, Barcelone, Presses polytechniques et universitaires romandes, 1986.

DOWEK Gilles, *La Logique*, Paris, Flammarion, 1995.

DUNHAM William, *Journey through genius, The Great Theorems of Mathematics*, New York, Wiley and Sons, 1990.

EKELAND Ivar, *Le Calcul, l'Imprévu*, Paris, Éditions du Seuil, 1984.

HOTTOIS Gilbert, *Penser la logique*, Bruxelles, De Boeck, 1989.

IREM. Groupe Épistémologie et Histoire : *Mathématiques au fil des âges*, Paris, Gauthier-Villars, 1987.

KAPLAN Robert, *The nothing that is*, Oxford, University press, 2000.

PAULOS John Allen, *Innumeracy, Mathematical illiteracy and its consequences*, New York, Hill and Wang, 1988.

RESSEGUIER Paul, *Les mathématiques du quotidien*, Paris, Vuibert, 1990.

ROUCHE Nicolas, *Le sens de la mesure*, Bruxelles, Didier Hatier, 1992.

STEWART Ian, *Les mathématiques*, Paris, Pour la Science, 1989.

49615 – (IV) – (1) – OSB 100° – SCM – VCT

Achevé d'imprimer sur les presses de
SNEL Grafics sa
Z.I. des Hauts-Sarts - Zone 3
Rue Fond des Fourches 21 – B-4041 Vottem (Herstal)
Tél +32(0)4 344 65 60 - Fax +32(0)4 289 99 61
Décembre 2007 – 43498

Dépôt légal : mai 2006, suite du tirage : décembre 2007
Imprimé en Belgique